音视频
普及版

【春秋】孔子◎著

总主编 胡大雷

主编 陈胤

孝经

国学传世经典名师导读丛书

漓江出版社

图书在版编目（CIP）数据

孝经／（春秋）孔子 著；胡大雷总主编；
陈胤主编. -- 桂林：漓江出版社，2025.1
（国学传世经典名师导读丛书）
ISBN 978-7-5407-9615-0

Ⅰ．①孝… Ⅱ．①胡… Ⅲ．①《孝经》
Ⅳ．①B823.1

中国版本图书馆 CIP 数据核字（2023）第 226566 号

孝经　XIAOJING

著　　　者	【春秋】孔　子	
总 主 编	胡大雷	
主　　编	陈　胤	
出 版 人	梁　志	
策 划 统 筹	林晓鸿　陈植武	
责 任 编 辑	林晓鸿	
助 理 编 辑	陈丽君	
装 帧 设 计	林晓鸿　红杉林	
责 任 监 印	杨　东	

出 版 发 行	漓江出版社有限公司
社　　　址	广西桂林市南环路 22 号
邮　　　编	541002
发 行 电 话	010-65699511　0773-2583322
传　　　真	010-85891290　0773-2582200
邮 购 热 线	0773-2582200
网　　　址	www.lijiangbooks.com
微信公众号	lijiangpress
印　　　制	河北赛文印刷有限公司
开　　　本	710 mm×1000 mm　1/16
印　　　张	13
字　　　数	173 千字
版　　　次	2025 年 1 月第 1 版
印　　　次	2025 年 1 月第 1 次印刷
书　　　号	ISBN 978-7-5407-9615-0
定　　　价	36.80 元

前言

胡大雷

古今中外都说"上学读书"。读什么书，其中之一就是读国学经典。习近平总书记说："实现中国梦必须走中国道路、弘扬中国精神、凝聚中国力量。"中国精神，体现在中国人的行为实践中，也体现在国学经典里。国学经典集中传统文化的精华,把古往今来中国人的行为实践概括为语言文字,凝聚为学术知识。

从国学经典里，我们可以读到什么、学到什么?

第一，我们学到了中国人治国理政的作为、做人做事的规范。古代的"经书""垂世立教"，就是用以传承的治国理政的纲要，读"经书"，就是要懂得做人的规范，比如《论语》倡导的"仁礼孝德""温良恭俭让"等。做人要诚己刑物，以自己的真诚去匡正社会。

第二，我们坚定了以爱国主义为核心的民族精神，以此凝聚与铸牢中华民族共同体意识。《春秋》讲"大一统"，所谓"六合同风，九州共贯";司马迁《史记》讲"大一统"，"大一统"是贯穿中华民族爱国主义精神的一条红线，成为中华民族的精神基因。从《诗经》到屈原的《离骚》，从杜甫的诗句中，从文天祥的《正气歌》、林则徐等人的作品中，我们看到国学经典中有着怎样的对国家民族的期望。爱国主义精神又体现在"天下兴亡,匹夫有责"的名言以及范仲淹"先天下之忧而忧，后天下之乐而乐"的豪言壮语中。

第三，我们读到了中国人的智慧。老子《道德经》说："上善若水，水善利万物而不争。"而且如此智慧的语言又体现在执行能力上，习近平总书记提出，领导者要有老子《道德经》所说"治大国，若烹小鲜"的态度。孟子云："穷则独善其身，达则兼济天下。"道儒两家为人处世的智慧体现在其中。《庄子》讲"无以人灭天，无以故灭命"，教导我们要与自然相适应;

讲"言者所以在意，得意而忘言"，昭示我们要探究事物更深层面的道理。墨子讲"言有三表"，指明判断真理的几大标准。孟子讲"说诗者，不以文害辞，不以辞害志"，讲知人论世，以智慧去实施文学批评。这些都值得当代人借鉴。

第四，我们读到了中国人建设美好家园的奋斗精神。国学经典中多有告诉我们如何通过奋斗来实现生活目标的叙写，如"愚公移山"。习近平总书记指出："我们要立下愚公移山志，咬定目标、苦干实干，坚决打赢脱贫攻坚战。""让我们大力弘扬愚公移山精神，大力弘扬将革命进行到底精神，在中国和世界进步的历史潮流中，坚定不移把我们的事业不断推向前进，直至光辉的彼岸。"这些重要论述，赋予传统文化中的奋斗精神以新的时代内涵。

第五，我们得到了文学的享受。国学经典各有文体，它们尽显各自的风采。从语言格式来说，有《诗经》的四言、《楚辞》的"兮"字，又有五言、七言及其律化，曲词的长短句，无所不用，只求尽兴尽情。除诗以外，文分散、骈，不拘一格，无不朗朗上口，贴切合心。从表达功能来说，或抒情，或说理，或叙事，使读者赏心悦目，便是上乘之作。

我们是中华民族的传人，一呱呱落地，就接受着传统文化的阳光雨露。我们每一个中国人，无论老幼，无论从事什么职业，都应该善于学习，多读国学经典。中华文化是我们的精神家园，国学经典是我们精神家园的文本载体。今天，我们读国学经典，就是树立做一个中国人的根本，就是为了传承中华优秀传统文化，令其生生不息，并赋予其新的时代内涵。

为了帮助广大读者学习和阅读国学经典，强化记忆，编者精心选编了这套国学经典丛书，设置名师导读、原文、注释、译文、名师点评、延伸阅读、学海拾贝或思考问答等版块，对原著进行分析解读，并在每本书中附加60分钟左右的音视频，范读内容均为经典段落、格言警句或诗词赏析。本套书参考引用了历代学者或今人的研究成果，未能详细列出，在此特别说明，并对众多国学研究者的辛勤劳动致以谢忱！

书 路 领 航

作者简介

《孝经》的作者，历来说法不一，有孔子说、孔子门人说、曾子说、曾子门人说、孟子门人说等，现普遍认为是孔子与弟子曾参论孝道，门人辑录而成。

孔子（前551—前479），名丘，字仲尼，春秋末期著名的思想家、教育家、政治家，儒家的创始者。自汉以后，孔子开创的儒学成为两千余年传统文化的主流，孔子在传统社会被尊为"圣人"。

据《史记·孔子世家》及《孔子家语》记载，孔子生于鲁国陬邑（今山东曲阜东南），祖上是宋国贵族，殷商王室的后裔。公元前549年，孔子三岁，其父叔梁纥病逝，母亲被正妻施氏驱赶，于是携孔子及其庶兄孟皮移居曲阜阙里，贫寒度日。公元前535年，孔母去世。公元前533年，孔子娶妻亓官氏。公元前532年，孔子任委吏，管理仓库。公元前531年，孔子任乘田，管理畜牧。公元前525年，孔子开办私人学校，开创了私人讲学的风气。公元前500年，孔子由中都宰升任司空，后又升任大司寇。公元前497年至前484年，孔子辗转列国，而后专心于教育及文献整理工作。公元前479年，孔子患病，不愈而卒，葬于鲁城北泗水岸边。

孔子一生传道、授业、解惑，被世人尊称"至圣先师，万世师表"。相传孔子有弟子三千，其中贤者七十二人，这七十二人中有许多成为各诸侯国的高官栋梁，延续了儒家学派的辉煌。

创作背景

说到《孝经》的创作，不能不提孔子的政治思想。

《孝经》宣传的思想内涵与孔子的政治主张一脉相承。孔子在政治上一直倡导"礼"与"仁"，主张"为政以德"，即用道德和礼教来治理国家。这种思想在《孝经》中也有所体现，孔子劝告君王要用"孝、悌、礼"来"教民亲爱""教民礼顺""安上治民"。

在《礼记·礼运》篇中，孔子提出了"大同"的社会理想：在大同的世界里，人们不仅爱自己的亲人，而且同样关爱别人，大家互敬互爱，其乐融融；老人有所依，青年有所为，残疾者有所靠；社会太平，没有欺诈、偷盗之事，人人坦诚相见，和睦相处。这种思想在《孝经》中亦有表现，如《广至德章第十三》有云："教以孝，所以敬天下之为人父者也；教以悌，所以敬天下之为人兄者也；教以臣，所以敬天下之为人君者也。"

总结来看，孔子创作《孝经》，是其"仁政"思想的进一步延伸，也是为了顺应时代要求。在《孝经》中，孔子一方面倡导天子和臣子要遵守"孝"，做典范，教化民众，宣扬孝道；一方面教育庶人要遵守"孝"，不仅要爱敬父母，还要忠君爱国，建立"移孝为忠"的道德规范。正因为《孝经》有利于统治者治理国家，管理民众，有着巨大的社会作用，所以被历代封建君王推崇，当作治世的准则。

内容提要

《孝经》是中国古代重要的政治伦理著作，为儒家十三经之一。

作为儒家经典著作，《孝经》全书以"孝"为中心，较为集中地论述了儒家的伦理思想。在《孝经》中，孔子认为"孝"是上天所定的规范，是天经地义的事，是人类最基本的道德，主张把"孝"贯穿于人的一切行为之中，并对"孝"的方方面面做了系统、详细的规定，结合当时的等级秩序，将"孝"划分为五等，提出要借用国家法律权威，维护等级关系和道德秩序。同时，《孝经》第一次将"孝"与"忠"相联系，将"忠"视为"孝"的发展和扩大，阐述了推广孝道的社会作用。

简言之，国君可以用"孝"治国安邦，臣民能够用"孝"立身处世。这种观点将孝道伦理与国家治理紧密结合起来，有利于封建专制的统治。其中，也不乏夸张的言论，如"孝悌之至，通于神明，光于四海，无所不通"等。因此，在阅读《孝经》时，要学会辨别良莠，去芜存菁，将孝道美德发扬光大。

艺术特色

1. 结构严谨，言简意赅

《孝经》与散文体的《论语》相比，整体结构较为严谨，而且言简意赅，表述明晰。十八章内容，每篇都直奔主题，十分鲜明地表明了主旨。

2. 巧用修辞，突出论点

《孝经》运用了多种修辞手法，对阐明主旨起到了至关重要的作用。如排比手法的运用，使文章条理更加分明，气势更加强烈。而递进手法的运用，使文章秩序井然，主次分明，利于读者体会所表达的中心思想。

3. 引申思想，适应时代

《孝经》的思想在一定程度上继承了《礼记》中关于"孝"的论述，但对其基本含义做了进一步的引申，从"善事其父母"引申为"以孝治天下"。纵观《孝经》全书，其中不仅提到了要"事于亲"，更提到了要"事于君"，而且"事于君"的篇章明显更多。其实，"以孝治天下"的主张是顺应时代而生的，是封建专制统治国家的需要，所以在思想性上比《礼记》更突出。

目录

CONTENTS

开宗明义章第一

名家导读

据北宋邢昺《孝经正义》载：《孝经》原本并无章名，梁代学者皇侃为"天子"至"庶人"等五章"标其目而冠于章首"；后来唐玄宗为《孝经》作注，令儒官"题其章名"。但据考证，《孝经》分章是汉以来的旧贯，只是当时未经统一，章题称法互有参差。"开宗明义"，即说明全书主旨，概括孝道思想的缘起。本篇即《孝经》之纲领。

【原文】

仲尼①居，曾子②侍。子曰："先王③有至德要道，以顺天下，民用和睦，上下无怨。汝知之乎？"

曾子避席④曰："参不敏⑤，何足以知之？"

子曰："夫孝，德之本也，教⑥之所由生也。复坐，吾语汝。身体发肤，受之父母，不敢毁伤，孝之始也。立身行道，扬名于后世，以显父母，孝之终也。夫孝，始于事亲，中于事君，终于立身。《大雅》云：'无念尔祖，聿⑦修⑧厥⑨德。'"

扫码看视频

【注释】

①仲尼：孔子（前551—前479），字仲尼，儒家学派创始人，被后世尊

奉为"圣人""至圣先师"。

②曾子：曾参（前505—前434），字子舆，孔子的弟子之一，被后世尊奉为"宗圣"。

③先王：先代圣王。

④避席：古代的一种礼节。古人习惯坐在草席上，当尊者向卑者提问或祝酒时，卑者需离席起立，以示对对方的尊敬。

⑤不敏：愚钝，不聪明。常用作自谦之词。

⑥教：教化。古有"五教"之说，即：教父以义，教母以慈，教兄以友，教弟以恭，教子以孝。

⑦聿（yù）：语助词，无义，用在句首或句中。

⑧修：继承，发扬。

⑨厥：代词，他的。

【译文】

孔子在家里闲坐，曾子在旁陪侍。孔子说："先代圣王都有至高的德行，明晓最精要的道理，用它来治理天下，可使人心顺服，百姓和睦，上下无怨。你知道上面所说的至德要道是什么吗？"

曾子离席起身，恭敬地答道："学生生性愚钝，怎么会知道是什么呢？"

孔子说："孝，是一切道德的根本，所有的教化都是由它派生的。你且坐下，我给你讲一讲。人的身体，四肢、毛发和皮肤，每一部分都来自父母，应该倍加爱护，不能有丝毫的损毁，这是孝道最起码的要求。建功立业，遵循大道，扬名于后世，以此显耀父母之德，这是孝的最终目标。所谓孝道，起点是侍奉父母，然后侍奉国君，最终建立功勋，成就事业。《大雅》有言：'要常常回想你的先祖，去继承并发扬他们的德行。'"

名师点评

本章主要讲述了"孝"的含义。在孔子看来，"孝"不仅仅局限于言行上孝顺父母，其含义是多层面的。爱惜父母给予自己的身体、不让父母担心是"孝"，奋发努力、建功立业是"孝"，忠君爱国也是"孝"。

延伸/阅读

戚继光牢记父训

戚继光，字元敬，号南塘，是明朝著名的抗倭（wō）将领。嘉靖七年（1528年），戚继光出生。他的父亲戚景通老年喜得贵子，希望这个孩子能够继承祖业，成为有用的人才，于是为其取名为继光。

戚景通不仅严于律己，同样也严格要求戚继光。他经常教育戚继光：武将须有舍身报国的高尚气节，打起仗来应有身先士卒的勇猛精神。有一次，戚景通问儿子戚继光："你还记得宋朝岳飞那句名言吗？"

"文臣不爱钱，武臣不惜死，天下太平矣。"

"对，你要终生记住这句话，认真读书，苦练武艺，才能为国立功，干一番大事业！"

嘉靖十七年（1538年），戚继光继承了父亲的爵位，官至四品。按照规定，授爵之后，戚继光要乘坐马车往返于私塾和家之间，不能再徒步上学了。但是家里实在是太穷了，负担不起雇佣车马的费用，所以他被迫辍学了。但戚继光不忘父训，刻苦自学。有位先生被戚继光的刻苦精神感动，自愿免费到他家中施教。在老师的悉心教诲下，戚继光的文武课程日渐精熟。历史上英贤人物的光辉业绩，深深激励着年轻的戚继光。于是，在一个秉烛苦读的夜晚，戚继光挥笔写下了一首五言律诗，抒发自己保家卫国的志向：

小筑渐高枕，忧时旧有盟。

呼樽来揖客，挥尘坐谈兵。

云护牙签满，星含宝剑横。

封侯非我意，但愿海波平。

几年后，戚继光成了一名文武双全的青年军官。这时，晚年的戚景通热心军事，终日埋头著作兵书，无心过问家事，又因早年为官时很是清廉，所以家境不是很富足。有人劝他晚年多置办些田产以留给后代，戚景通听后对戚继光说："你知道为父为什么给你取名为'继光'吗？"

"要孩儿继承戚家祖业，光耀门第。"

"孩子，我一生没有留给你多少产业，你不会感到遗憾吧？"

"父亲教我从小读书习武，还教我做一个品德高尚的人，这是您给孩儿的最宝贵的产业。孩儿从没想过贪图安逸和富贵，只想早些让父亲看到孩儿像岳飞建立'岳家军'一样，创立一支'戚家军'。"

戚景通听了心中十分宽慰，笑着对儿子说："我在军中为官多年，虽没立下什么奇功，却也恪守本分。多年来，我一直遗憾没能为国家彻底驱除外敌！将来你一定要替父完成心愿，报效国家啊！"

戚继光跪在地上，说："不管将来遇到什么艰难险阻，我都不会忘记父亲一生的志愿！"

不久，戚景通患重病去世。戚继光在父亲坟前痛哭道："继光一定继承您的遗志，为国尽忠，赴汤蹈火，在所不辞！"

嘉靖二十三年（1544年），戚继光袭父职上任，为登州卫指挥佥（qiān）事。嘉靖三十二年（1553年），戚继光任都指挥佥事，备倭于山东。嘉靖三十四年（1555年），他又调往浙江，次年任参将，抵抗倭寇。

当时浙江倭患严重，而原本的军人素质不佳。戚继光招募农民和矿工，组成了一支新军，纪律严明，赏罚必信，并配以精良战船和兵械，精心训练。戚继光还针对南方多湖泽的地形和倭寇作战的特点，创造了攻防兼宜的"鸳鸯阵"战术，以十一人为一队，配以多种长短兵器，因敌因地变换队形，灵活作战。这支新军在多年的抗倭战役中威震中外，被世人称为"戚家军"。

学海 / 拾贝

☆ 夫孝，德之本也，教之所由生也。

☆ 身体发肤，受之父母，不敢毁伤，孝之始也。

☆ 夫孝，始于事亲，中于事君，终于立身。

天子章第二

名家导读

"天子"是对帝王的称呼。在封建社会，统治者大多认为自己受命于天，天为其父，地为其母，故称"天子"。但即使贵为天子，也须恪守孝道，以教化万民。

【原文】

子曰：爱亲者，不敢恶①于人；敬亲者，不敢慢②于人。爱敬尽于事③亲，而德教④加于百姓，刑⑤于四海。盖⑥天子之孝也。《甫刑》云："一人⑦有庆⑧，兆民⑨赖之。"

【注释】

扫码看视频

①恶：厌恶。

②慢：轻慢，怠慢。

③事：侍奉。

④德教：道德教育，此处指孝道的教育。

⑤刑：通"型"，典范，榜样。

⑥盖：句首语气词。

⑦一人：代指天子。

⑧庆：善。

⑨兆民：指民众数目极多。兆，数目。旧以万亿为兆，极言众多。

【译文】

孔子说：天子能够爱戴自己的父母，也就不会厌恶他人的父母；天子能够尊重自己的父母，也就不会怠慢他人的父母。天子如果能怀着爱戴和尊重之心去侍奉自己的父母，那么就能用孝道来教化百姓，使天下民众都以他为典范。这就是天子的孝道啊。《甫刑》里说："天子有善德，亿万臣民都可以信赖他、依靠他。"

名师点评

在本章中，孔子对天子提出了"孝"的行为准则，即天子要爱戴和尊敬父母，并用孝道教化民众，做臣民的典范。虽然本章针对的对象是"天子"，但孔子的孝道观念在今天依然可行。我们每个人都应该爱戴和尊重自己的父母，将孝道美德与文化的优秀成分传承下去。

延伸/阅读

孝子皇帝朱元璋

明太祖朱元璋是一个颇有孝心的人。他在登基的第二年，就下了诏书，规定皇帝只能称孝子皇帝。至于皇太子，则要称孝元孙皇帝或孝曾孙嗣皇帝。

朱元璋每年都要参加主持太庙的祭祀活动，有几次，朱元璋竟不能自持，在大臣面前流下了眼泪，参与祭祀活动的其他大臣，因受到朱元璋的感染，也流下了眼泪。朱元璋为了教育子孙，叫人绘制了《孝行图》，让子孙朝夕观览此图，牢记前辈的孝思、孝行。

　　朱元璋讲孝，竟至于将自西周以来流行了两千多年的丧礼也给修改了。洪武七年（1374年），朱元璋的妃子成穆贵妃孙氏去世，死时年仅三十二岁，无子。按照《仪礼》的规定，孝子的父亲若是还活着的话，孝子只能为母亲服丧，对于庶母，则不需要服丧。依照这个规矩，则成穆贵妃孙氏就会没有孝子为她服丧。朱元璋认为这个规定是不合理的，就叫太子的师傅宋濂到历史上去找依据。宋濂不愧为知识渊博的学者，他很快就在历史资料中找到了四十二个孝子愿为庶母服丧的记录，其中，愿服丧三年的有二十八人，愿服丧一年的有十四人。朱元璋见历史上有先例可以遵循，就说，既然历史上愿服丧三年的比服丧一年的多出一倍，那说明这些孝子是出自天性，为庶母服丧三年应当立为定制。于是，他当即叫朝臣们作《孝慈录》一书，做了一些新的规定：子为父母、庶子为其母，都得服丧三年；嫡子、众子为庶母，都得服丧一年。于是，朱元璋命周王朱橚为死去的成穆贵妃孙氏服丧三年，其他诸王，都得为成穆贵妃孙氏服丧一年。

学海/拾贝

　　☆ 爱亲者，不敢恶于人；敬亲者，不敢慢于人。
　　☆ 爱敬尽于事亲，而德教加于百姓，刑于四海。
　　☆ 一人有庆，兆民赖之。

诸侯章第三

名家导读

"诸侯",是天子所分封的各国国君的统称。西周时期,周天子按亲疏与功勋将诸侯分为公、侯、伯、子、男五等爵位。汉朝时期,又改分王、侯二等。诸侯虽独立统治一国,但还须服从王室的政令,向王室朝贡和服役等。本章针对诸侯提出了"孝"的行为准则,要求他们谦卑、谨慎,恪守法度,节用爱民,拱卫社稷。

【原文】

在上不骄①,高而不危;制节②谨度③,满④而不溢⑤。高而不危,所以长守贵也。满而不溢,所以长守富也。富贵不离其身,然后能保其社稷⑥,而和⑦其民人。盖诸侯之孝也。《诗》云:"战战兢兢,如临深渊,如履薄冰。⑧"

【注释】

①骄:骄傲。唐玄宗注:"无礼为骄。"
②制节:指节省开支。
③度:法度。
④满:指富足。

⑤溢：指奢侈、浪费。

⑥社稷（jì）：指国家。

⑦和：使……和睦。

⑧"战战"三句：出自《诗经·小雅·小旻》。战战，恐惧貌。兢兢，谨慎貌。

【译文】

贵为诸侯，身居高位而不自傲，那么即便高高在上也不会有倾覆的危险；节省开支，慎守法度，尽管富足也不奢靡。高高在上而没有倾覆的危险，就可以长久地保住尊贵的地位。富足而不奢靡，就可以长久地保住财富。富与贵都能长久保持，才能保住自己的国家，才能使自己的子民和睦相处。这就是诸侯的孝道啊。《诗经》里说："诚惶诚恐，谨慎小心，就像面临深渊唯恐坠落，就像脚踩薄冰唯恐碎裂。"

点师名评

本章针对诸侯提出了关于"孝"的两点要求：一是不骄不躁，遵守礼法；二是节省开支，不奢靡。其实，这两点对一般人同样适用。在当今文明社会中，只有谦虚，才更容易在人际交往中被人接纳；只有节俭，才能让生活更加富足。

延伸/阅读

刘义康专权越礼

彭城王刘义康，南北朝刘宋宗室大臣，宋武帝刘裕之子，宋少帝刘义符、宋文帝刘义隆异母弟弟。

刘义康年少有为，在十二岁时，就已被任命为冠军将军、豫州刺史，并授都督豫州、司州、雍州、并州四州军事。宋武帝刘裕即位后，刘义康又被任命为司州刺史，还被封为彭城王。宋文帝即位后，刘义康更是得到了重用，进号骠骑将军，加授散骑常侍，增赐食邑二千户，不久又加赐开府仪同三司，任荆州刺史，授都督八州诸军事。刘义康自强不息，无有懈倦，不计尊卑，礼贤下士，又聪识过人，一闻必记，纠剔是非，莫不精尽。

刘义康与文帝关系不错，在宋文帝患病期间，他亲自侍奉医药。据《宋书·彭城王义康传》记载："义康入侍医药，尽心卫奉，汤药饮食，非口所尝不进；或连夕不寐，弥日不解衣。"他自恃与文帝是最好的兄弟，不做避嫌，全按自己的心意行事。由

于他专揽朝权，生杀予夺，所以天下众官员士人争相倾拜。各处进贡物品时都会将上品送到义康府，而以次者供文帝。

文帝曾在冬天吃柑橘，感叹柑橘的形状味道都不好，刘义康正在一旁陪坐，闻言后随口说道："今年的柑橘还是有一些不错的啊。"说罢，便派人回自己的居所东府取柑橘，取来的柑橘个头竟都比宫中的还要大上三寸。

刘义康与文帝虽是手足兄弟，但毕竟君臣有别。君王卧榻之侧，岂容他人鼾睡？他这般不顾君臣礼仪，行事毫无顾忌，渐渐与文帝生了嫌隙，引发宋文帝猜忌，党羽受到清洗，最终被赐死。

学海/拾贝

☆ 在上不骄，高而不危；制节谨度，满而不溢。

☆ 战战兢兢，如临深渊，如履薄冰。

卿大夫章第四

名家导读

卿、大夫是西周、春秋时期周王及诸侯所分封的臣属，在朝廷和地方担任重要官职。他们服从君命，辅助国君治理统治，并且对国君有纳贡和服役的义务。在西周时期，卿、大夫属于第三等的贵族。这个阶层的孝道，与天子及诸侯相比，主要表现在谨言慎行、遵守法度方面。

【原文】

非先王之法服①不敢服，非先王之法言②不敢道，非先王之德行③不敢行。是故非法不言，非道不行；口无择④言，身无择行。言满天下无口过，行满天下无怨恶。三者备矣，然后能守其宗庙。盖卿、大夫之孝也。《诗》云："夙夜匪懈，以事一人。⑤"

扫码看视频

【注释】

①法服：按照礼法制定的服装。古代的服装样式、颜色、花纹（图案）、质料等，等级不同，身份不同，其规定也不同。先王制定礼服五等，即天子之服、诸侯之服、卿之服、大夫之服、士之服。卑微之人穿尊贵之人的服装，称为"僭（jiàn）上"，尊贵之人穿卑微之人的服装，

称为"逼下"；卿、大夫只能穿卿、大夫的服装，既不得僭上，也不得逼下。

②法言：合乎礼法的言论。

③德行：合乎道德规范的行为。

④择：通"殬"（dù），败坏，不合法度。

⑤"夙夜"二句：出自《诗经·大雅·烝民》。匪，通"非"。夙，早。

【译文】

作为卿、大夫，不合乎先王礼法规定的衣服不敢穿，不合乎先王礼法的言论不敢说，不合乎先王规定的道德行为不敢做。所以不合礼法的话不说，不合道德的事情不做，从而做到口无失礼之言，身无失礼之行。虽然言谈遍于天下，但是没有什么过失；虽然做事遍于天下，但是不会招来怨恨。穿衣、说话、做事三者都符合礼法道德，然后才能保全自己的宗庙，得以祭祀祖先。这就是卿、大夫的孝道啊。《诗经》里说："日日夜夜不敢懈怠，一心一意侍奉天子。"

名师点评

　　本章主要讲述了卿、大夫行孝的要求。作为封建王国的官员，他们必须使自己的服饰穿戴、言行举止符合礼法制度，不得越轨，做到即便平时的任何言行曝光在天下人面前，也不会让天下人觉得有什么不妥。只有这样，才能使宗庙香火延续，这是卿大夫孝道的目标所在。

延伸/阅读

忠孝两全的石奢

春秋时期，有个叫石奢的楚国人，他曾做过楚昭王的相国。石奢为人耿直、公正，执法很严，从不阿谀奉承，不管是朝廷权贵、王子皇孙，还是自己的亲朋好友，只要犯法，他都一视同仁。因此，他在朝廷的威望颇高，那些贪官污吏都很惧怕他。

有一次，石奢外出视察，半路上，他看到有人在行凶杀人，于是飞快地赶到那里，想将那人抓住。然而，令石奢惊讶的是，那个杀人犯竟然是他的父亲。石奢一下子就愣住了，不知道该如何是好。他自小尊敬父亲，将孝看得无比重要。他明白，如果将父亲抓住，父亲一定会被处死。哪有儿子捉拿父亲的？那岂不是大不孝吗？但是不捉住父亲，又与自己的行为准则相左，他陷入了两难的境地。这时，他想起父亲对自己的养育之恩，便故意停下脚步，放走了父亲。

这件事除了他，根本没有第二个人知道，但是石奢心中非常不安，他明白，这虽然成全了他的孝道，却是对大王的不忠。回到都城后，他吃不进，睡不香，想到自己一直倡导执法无私，不管谁犯法，他都一视同仁，可现在自己的父亲犯了法，他却徇私枉法，实在是愧对大王。石奢思虑再三，决定用绳子把自己绑起来，去向楚昭王认罪。

早朝的时候，楚昭王见石奢用绳子绑着自己请求治罪，非常惊讶，忙站起来问道："你犯了什么大错，要这样来认罪呢？"

石奢坦白道："昨天，我在视察的路上看见一个杀人犯行凶后要逃跑，就立刻冲上去要捉拿他，却没想到那居然是我的父亲。我故意停下脚步，把他放了。身为执法大臣，我废法纵罪，这是我的失职，理应处死。"

楚昭王见石奢这样勇于认错，可见他对自己非常忠心，就不想治他的罪，于是打圆场道："你根本没追上他，这不是你的错，所以不必治罪。你也无须内疚，此事就此翻过。"

石奢以为楚昭王没听明白他的意思，便直率地强调道："我本来是可以追上的，但因为我发现那是我的父亲，怕别人认为我不孝，就把他放走了。我这样做虽然忠于孝道，却触犯了国法，对大王不忠，按照法律，应该被处死。"

楚昭王见石奢这样说，也不好再为他辩解。但想到石奢平时执法严谨，对他忠心耿耿，现在又能主动认罪，非常难得，就硬着头皮说："你这样做确实违背了法律，但念你是初犯，暂且饶你一次。"

谁知石奢却坚持道："大王能饶我一次，是您对我的恩惠。但我不能让国家法令因我而废弛，所以现在我必须依法被处死。大王对我的恩典，我没齿难忘，但我绝不能接受。"

石奢执意请死，楚昭王坚持要赦免他，两人一时僵持不下。一旁的大臣明白楚昭王的意思，也都劝石奢不要固执己见。然而，这一来石奢就更坚定了。他想，如果他起了个坏头，以后国法该如何执行？石奢见楚昭王不肯给他加罪，就毅然决然地伏剑自杀了。楚昭王和大臣们见此，都非常感动。石奢虽然生前违法庇父，但他为了维护国家法度，不惜以死谢罪，所以一直都很受人称道。

在古人的观念中，信是统治者有效治理国家的根本保证，只有坚决维护国家法度，才能将国家治理得井井有条。

石奢的经历是个特例,但这段经历告诉我们,一个人必须活得坦坦荡荡,不仅要孝敬父母,而且要坚持自己为人处事的原则,只有这样才能无愧于心。

学海/拾贝

☆ 是故非法不言,非道不行;口无择言,身无择行。

☆ 言满天下无口过,行满天下无怨恶。

☆ 夙夜匪懈,以事一人。

士章第五

在西周时期，分封制下的贵族，从上到下的等级秩序为：天子—诸侯—卿、大夫—士，因此，也可以说，士是西周等级最低的贵族。相对于前几个阶级，士的人数更多，分布范围也更广。对于这个阶级，《孝经》对他们的孝道要求主要体现在事父事君上。

【原文】

资^①于事父以事母，而爱同；资于事父以事君，而敬同。故母取其爱，而君取其敬，兼之者父也^②。故以孝事君则忠，以敬事长则顺。忠顺不失^③，以事其上，然后能保其禄位，而守其祭祀。盖士之孝也。《诗》云："夙兴夜寐，无忝尔所生。^④"

扫码看视频

【注释】

①资：取，拿，用。

②兼之者父也：指侍奉父亲，同时具备了爱心和敬心。

③忠顺不失：指在忠诚和顺从两个方面没有过失、缺点。

④"夙兴"二句：出自《诗经·小雅·小宛》。兴，起来。寐，睡。忝，辱。

【译文】

用侍奉父亲的态度去侍奉母亲，那么对待双亲的亲爱之心是一样的；用侍奉父亲的态度去侍奉国君，那么对待君、父的恭敬之心是一样的。所以侍奉母亲是用亲爱之心，侍奉国君是用恭敬之心，而对父亲则是亲爱与恭敬兼而有之。所以，有孝行的人为国君服务一定是忠诚的，能敬重兄长的人对上级一定是顺从的。在忠诚与顺从两方面都做到没有偏差，用这样的态度来侍奉君上，才能保住自己的俸禄和职位，守住宗庙的祭祀。这就是士人的孝道啊。《诗经》里说："要早起晚睡，努力工作，不要玷辱了生你的父母。"

名师点评

在本章中，作者指出士在孝道上的具体表现。事君事父多有相似之处。恪守孝道，以爱敬事父，以忠事君，都是人伦本分之事，符合家国利益，也有利于保全自身利益。

延伸/阅读

鲍出笼负母归

鲍出是后汉时京兆新丰（今陕西西安临潼）人，天生魁伟，是个至孝之人。

鲍出家里很穷，加上当时兵荒马乱，常常处于饥饿线上。一次，鲍家兄弟几人外出采莲实来充饥，让母亲待在家中。采集到一些后，鲍出就让几个兄弟先行回去给母亲做饭吃。不料却有几十个强盗冲入他家，见找不到什么值钱的东西，便用绳子绑住他母亲的手，劫掠而去。

弟弟非常害怕，急忙跑去把情况告诉鲍出。鲍出听了大怒，抓起一把

刀就去追赶，跑了很远，终于追上了劫掠母亲的强盗。远远看见母亲和邻居老妪被绑在一起，他大吼一声，冲上前去。众贼见他来势凶猛，锐不可当，就四散跑了，但不一会儿就又围上来。鲍出没有害怕，挥刀奋力破开包围圈。众贼不敢继续交锋，最终把人放了。鲍出径直跑到母亲面前叩头请罪，跪着给母亲和邻居老妪解开绑绳，将她们搀扶回家。

后来战乱又起，他就带母亲到南阳避难。贼乱平定后，母亲思归故乡。可是道路崎岖坎坷，连步行都很困难，更别说抬轿子了。鲍出左思右想，就编了一个竹笼，让母亲坐在笼中，将她背回家乡。

乡里的士大夫很欣赏鲍出，举荐他去州郡当官，但鲍出都拒绝了，他想继续待在家里，以便时时照顾母亲。

鲍出对母亲的照料可谓无微不至，天冷加衣，天热摇扇；母亲生病便寸步不离、衣不解带；母亲心情不好，就想方设法逗母亲开心。总之，他事事按照母亲的意愿行事，从来不敢怠慢。在鲍出的悉心照料下，母亲活到了一百多岁才辞世，当时鲍出已经七十多岁了，仍然依丧礼仪式亲自为母亲办后事。

学海/拾贝

☆ 资于事父以事母，而爱同；资于事父以事君，而敬同。

☆ 夙兴夜寐，无忝尔所生。

庶人章第六

名家导读

"庶人"，指平民、百姓。庶人或庶民，是一个国家社会构成要素中最基层的个体存在。前面几章对各个阶级的贵族都提出了孝道的具体要求，而本章论述的则是庶人的孝。对于占国家人口最多的庶民，《孝经》的要求简单得多。

【原文】

用天之道①，分地之利②，谨身节用，以养父母。此庶人之孝也。故自天子至于庶人，孝无终始③，而患不及者，未之有也④。

【注释】

①天之道：指自然规律。用天道，即按照时令变化安排农事，则春生、夏长、秋收、冬藏。

②分地之利：意思是说，因地制宜，种植适合当地生长的农作物，以获取地利。

③孝无始终：指孝道的义理无始无终，非常广大。

④未之有也：没有这样的事情。意思是孝行是人人都可以做到的，不会做不到。

【译文】

根据春、夏、秋、冬节气变化的自然规律，根据土地的不同特点，种上适合的庄稼，恭谨持身，节约俭省，以供养父母。这就是庶人的孝道啊。所以上自天子，下至庶民，孝道不分尊卑，无始无终，永恒存在，每个人都能够做到，如果有人担心自己做不到，那是根本不可能的。

名师点评

无论在哪个时代，平民大众都是最广泛、最坚实的社会基础，是组成社会的最重要的部分。社会和谐关键在于百姓能够安居乐业。所以《孝经》从第二章起，就要求天子做天下孝道楷模，为天下人示范如何践行孝道、如何尽孝。本章结尾，通过"孝无终始，而患不及者，未之有也"深情呼唤普罗大众力行孝道。

延伸/阅读

陈孝妇终养婆母

汉朝时，有一位姓陈的孝妇，她的名字无人知晓，但她的故事却在民间广为流传。

陈孝妇品行贤淑，在她十六岁时，便听从父母之命出嫁了。她的丈夫是一位孝顺之人，家境贫寒，与母亲相依为命，对母亲十分孝顺。陈孝妇嫁过去后，夫妇二人不仅恩爱互敬，还共同孝养母亲，生活充满了温暖与欢乐。

不料好景不长，婚后不久，边关烽火四起，军情紧急，朝廷大量征兵。丈夫也被征召入伍，即将远戍边关。临行时一家人悲伤难忍，丈夫强忍离别之泪，对妻子说："我今日一去，沙场茫茫，生死难料，万一一去不返，唯愿爱妻念夫妻情重，代我奉养年迈老母，这样，我在九泉之下也能安心瞑目了！"

陈孝妇看着丈夫那期盼却又不安的眼神，马上应诺："夫君请安心去吧，妾身定会生死不二，奉养婆母。"

母亲有了妻子的照顾，丈夫心上的石头也算落了地，便安心从军去了。从此，陈孝妇一方面尽心侍奉着婆婆，另一方面，也期盼着丈夫能早日回来，希望一家人再次团聚。

然而，天不遂人愿，数月后，边关传来噩耗，丈夫战死沙场。听到这个消息，整个家就像被乌云笼罩了一样，灰蒙蒙的，婆媳都不由得失声痛哭起来。

丈夫去世之后，陈氏一如既往地纺纱织布获取家用，全心奉养婆婆，日夜辛劳。婆婆看到媳妇的一片至诚孝心，虽然失去了儿子，心里也有所安慰。对陈氏，她也像对待自己的亲生女儿一样关心照顾。

陈氏为丈夫守了三年丧，丧期满后，她的婆婆心疼她这么年轻就守寡，心中不忍，便想让她改嫁。

陈氏哭着回答道："媳妇听说，做人宁可为担负义而死去，不可因贪恋欲而生存。答应夫君之事，怎么可以不守信用？为人无信，怎能立足世间啊？我作为媳妇，侍奉公婆乃分内之事。夫君不幸先死，不得尽他为人子的责任，如今再叫我离开，便没有人奉养婆婆。假使媳妇为人不孝不信又无义，那还有何颜面活在世间啊？"婆婆见她如此坚定，不由得痛哭起来，从此再也不说让她改嫁之类的话了。

此后，陈氏更是尽心竭力在家侍奉婆婆，早起晚睡，日日夜夜辛勤不断，坚持二十八年，一直到老人家八十四岁寿终正寝。因为家中贫寒，陈氏为安葬婆婆，又将房产和田地都变卖了。此后，陈孝妇又终身奉守祭祀，完成了对丈夫的承诺。

学海／拾贝

☆ 用天之道，分地之利，谨身节用，以养父母。

☆ 故自天子至于庶人，孝无终始，而患不及者，未之有也。

三才章第七

名家导读

"三才"，即天、地、人。前面几章介绍了《孝经》对封建时代各个阶层群体行孝的具体要求。那么，孝道与天、地、人之间有什么关系呢？通过孔子与曾参的对话可以看到，孝道经天纬地的天道本质，充塞于天地之间。

【原文】

曾子曰："甚哉，孝之大也！"

子曰："夫孝，天之经也，地之义也，民之行也。天地之经，而民是则之。则天之明，因地之利，以顺天下。①是以其教不肃②而成，其政不严而治。先王见教之可以化民③也，是故先之以博爱，而民莫遗其亲；陈之以德义，而民兴行。先之以敬让，而民不争；导之以礼乐④，而民和睦；示之以好恶，而民知禁。《诗》云：'赫赫师尹，民具尔瞻。⑤'"

扫码看视频

【注释】

① "夫孝"以下九句：与《左传·昭公·二十五年》所述文字相似。所不同的是，本章的"夫孝"，《左传》作"夫礼"；本章的"因地之利"，

《左传》作"因地之性"；其余完全相同。天之经，意思是说孝道是天之道，天空中的日月星辰永远有规律地照临人间，孝道亦如此。经，指永恒不变的道理和规律。地之义，意思是说孝道又像地之道，大地化育万物、供给物产，有合乎道理的法则，孝道亦如此。义，利物为义。民之行，意思是说孝道是人之百行中最重要且最根本的品行。则，效法。天之明，指天空中的日月、星辰。因地之利，此"利"字即上节"分地之利"之"利"。顺，指治理。

②肃：指严厉的统治手段。

③化民：指用教育的方法感化下民，使他们服从统治。

④礼乐：儒家学者把"礼乐"作为治理天下、教化万民的重要工具。礼，等级社会的典章制度、社会行为规范、传统习惯。乐，音乐。乐教，以音乐教化百姓。

⑤"赫赫"二句：出自《诗经·小雅·节南山》。此处引《诗》，意在说明大臣协助天子推行教化，百姓都在看着他。赫赫，声名远扬、气派宏大的样子。师尹，即姓尹的太师。太师，相当于后来的宰相。具，通"俱"，都。瞻，仰望。

【译文】

曾子说："多么博大精深啊，孝道真是太伟大了！"

孔子说："孝道，犹如天上日月星辰的有序运行，有着永恒不变的规律；又如大地博大宽容，育养万物，有着合乎道理的法则；孝道也是人道中最根本的德行，一言一行与之相连，是人们必须遵守的道德。天地有运作的规律，下民以之为效法对象。效法天上的日月星辰，遵循不可变易的规律，因地制宜，获取地利，以此治理天下。因此，教化虽不严厉却可以成功，政令不严却可以让天下大治。先王领悟到通过孝道可以教化民众，所以亲自带头践行博爱天下的理念，于是天下没有人会遗弃自己的父母；然后陈说德义的重要性，于是庶民就纷纷起来践行德义。带头践行敬让之礼，庶民就不会你争我夺。带领天下践行礼乐之制，庶民就能和睦相处；向庶民昭示什么是好什么是坏，庶民就知道哪些事情是不可以做的了。《诗经》里说：'威严显赫的尹太师啊，人民都在仰望着你。'"

名师点评

读完本章，我们了解到，恪守孝道符合天地大道，遵道而行，就如天上日月星辰的运行，如地上万事万物的生长，是天经地义的事。同时，文中还指出，统治者应该效法天地万物的规律，明白以孝道治天下的重要性，再配合礼乐教化，就能事半功倍，不需要严刑峻法，就能使天下大治。

延伸/阅读

周文王寝门三朝

周文王姬昌，商末周族领袖，周朝的奠基人。他对父母非常孝顺，身为世子时，就对自己的父亲服侍得非常周到尽心，每天都要去给父亲请三次安。在天刚蒙蒙亮的时候，他就开始穿衣梳洗，整装完毕之后，早早地来到父亲卧室门前恭候。首先要询问服侍父亲的小臣："我父亲今天是否安好？心情怎么样？"服侍的小臣如果回答"很好"，那么文王就会非常高兴。到了中午同样还要去请安，晚上也是如此，没有一天不是这

样的。

如果听到父亲的身体不舒服，或者是心情不好，他就会非常担忧，难过得路都走不好，无时无刻不为父亲的健康和快乐忧心。什么时候看到父亲想吃饭了、心情好了，行动才能恢复正常。在父亲吃饭的时候，上菜之前必须先看饭菜的冷热是否符合季节天气；父亲吃完饭之后，一定要问侍从父亲吃饭的情况，一切都办好、问完之后，在确定父亲没有任何不适和不快的情况下，自己才会离开。

学海/拾贝

☆ 夫孝，天之经也，地之义也，民之行也。

☆ 则天之明，因地之利，以顺天下。

☆ 赫赫师尹，民具尔瞻。

孝治章第八

名家导读

所谓"孝治"，就是以孝道治理天下，这是中国古代帝王统治思想的重要组成部分。前文将孝亲与忠君联系起来，并阐述了君主在恪守孝道方面以身作则、教化民众的重要性。那么，以孝治国究竟该采取哪些具体的措施，又能收到哪些成效呢？

【原文】

子曰："昔者明王之以孝治天下也，不敢遗小国之臣①，而况于公、侯、伯、子、男乎？故得万国②之欢心，以事其先王。治国者③，不敢侮于鳏寡④，而况于士民乎？故得百姓之欢心，以事其先君。治家者⑤，不敢失于臣妾⑥，而况于妻子乎？故得人之欢心，以事其亲。夫然，故生则亲安之，祭则鬼⑦享之。是以天下和平，灾害不生，祸乱不作。故明王之以孝治天下也如此。《诗》云：'有觉德行，四国顺之。⑧'"

扫码看视频

【注释】

①小国之臣：指小国派来的使臣。此指公、侯、伯、子、男之外的诸侯小国使臣。

②万国：指天下所有的诸侯国。

③治国者：治理国家的君王，这里指天子所分封的诸侯。国，指诸侯的封地。

④鳏（guān）寡：年老而孤苦无靠者。老而无妻曰鳏，老而无夫曰寡。

⑤治家者：指卿、大夫。家，指卿、大夫受封的采邑。

⑥臣妾：古代对奴隶的称谓。男奴曰臣，女奴曰妾。

⑦鬼：此处指的是去世的父母的灵魂。

⑧"有觉"二句：出自《诗经·大雅·抑》。觉，高大。

【译文】

孔子说："从前，圣明的君王以孝道治理天下，即使是对小国的使臣也不会遗漏和疏忽，更何况对公、侯、伯、子、男这些诸侯呢？所以能够得到各诸侯国臣民的欢心，使他们按礼前来参加先君的祭祀典礼。治理封地的诸侯，对年老而孤苦无靠者尚且不敢欺侮，更何况对广大的士民呢？所以能得到百姓的爱戴和拥护，使他们自发前来参与祭祀先君的典礼。作为卿、大夫，对卑贱的奴隶尚且不敢无礼，更何况对自己的妻子、儿女呢？所以能得到全家上下的欢心，使他们都来帮助自己奉养双亲。正因为这样，父母在世的时候能够过着安宁的日子，父母去世以后其灵魂能够安享祭奠。也正因为如此，所以天下和平，既没有自然灾害发生，也没有人为的祸乱发生。圣明的帝王以孝道治理天下，就会出现这样的太平盛世。《诗经》里说：'天子有伟大的德行，四方诸侯之国无不仰慕归顺。'"

点师名评

通过对本章的阅读，可以了解古代圣明君主如何以孝治国。他们对于当时社会中身份最低微的人都不遗弃、不欺辱，而是给予尊重和礼遇，从而使整个国家都其乐融融、祥和太平。国家的兴衰荣辱，其实都取决于社会秩序的和谐与否。社会安康幸福，国家才能长治久安。这或许寄托了《孝经》作者的政治理想。

延伸/阅读

房景伯示孝

历史上，在地方官中，以教孝而著名的人，堪称典范的有北魏时期的房景伯。

房景伯家境比较贫寒，靠替人抄书来供养母亲。后来他做了清河太守。清河郡有个属地叫贝丘，贝丘靠近房景伯的家乡绎幕。一天，有个妇女向太守房景伯控告自己的儿子不孝，想叫房景伯来惩罚一下这个不孝子。房景伯回家将此事告诉了母亲崔氏。崔氏是一个知书达理的人，她对房景伯说："这些山民不知礼节，不要过于责怪这个不孝子。"于是，房景伯将这个不孝子叫到了官府，不过不是治罪，而是让他们母子住在自己的府上，让那不孝子看看自己是如何孝敬母亲的。房景伯的母亲崔氏和这位贝丘女人同桌吃饭，由房景伯按照日常的礼节来侍候她们两人，叫贝丘女人的儿子在一旁观看。

几天之后，不孝子就感到非常惭愧，要求回家。但是，房景伯没有同意，认为仅仅在表面上表示悔改是不行的，必须是心诚才行。于是，他又将母子两人留了一些日子，让这个不孝子继续观看自己是如何孝敬母亲的。最后，这个不孝子叩头认错，直至头破血流，他的母亲也哭泣着同意回家，房景伯才送走了他们母子俩。

后来，这位不孝子终于改了过来，对自己的母亲非常孝顺，成了当地出名的孝子。房景伯虽说政绩并不突出，但他示孝一事，对后世的影响非常大。宋朝有人写诗赞道：

亲见房太守，殷勤奉旨甘。

哪能不心愧，岂止是颜惭。

学海/拾贝

☆ 故得人之欢心，以事其亲。

☆ 有觉德行，四国顺之。

圣治章第九

名家导读

　　这里的"圣治"，指的是圣人以孝治理天下。在中国传统文化中，圣人指的是古代圣明的君主、帝王，如尧、舜、禹，以及后世道德高尚的儒学大师，如孔子、孟子等。那么，追求至善至美的圣人，是如何以孝治国的呢？

【原文】

　　曾子曰："敢①问圣人之德，无以加于孝乎？"

　　子曰："天地之性②，人为贵。人之行，莫大于孝。孝莫大于严③父，严父莫大于配天④，则周公⑤其人也。昔者，周公郊⑥祀后稷以配天，宗祀文王于明堂⑦，以配上帝⑧。是以四海之内，各以其职来祭。夫圣人之德，又何以加于孝乎？故亲生之膝下⑨，以养父母日严。圣人因严以教敬，因亲以教爱。圣人之教，不肃而成，其政不严而治，其所因者本也。父子之道，天性也，君臣之义也。父母生之，续莫大焉。君亲临之，厚莫重焉。故不爱其亲而爱他人者，谓之悖德；不敬其亲而敬他人者，谓之悖礼。以顺则逆，民无则焉。不在于善，而皆在于凶德，⑩虽得之，君子不贵也。君子则不然，言思可道，行思可乐，德义可尊，作事可法，容止可观，进退可度，以临其民。是以其民畏而爱之，则而象⑪之。故能成其德教，而行其政令。《诗》云：'淑人君子，其仪不忒。⑫'"

【注释】

①敢：谦辞，有冒昧之意。

②性：指生灵、生命、生物。

③严：尊敬。

④配天：根据周朝礼制，每年冬至要在国都郊外祭天，并附带祭祀父祖先辈，这就是配天之礼。配，配享，配祀。

⑤周公：西周初重要政治家。姓姬，名旦。文王之子，武王之弟，成王之叔。因采邑在周，故称"周公"。曾佐武王灭商。武王死，成王年幼，周公摄政，平定内乱，营建东都，制礼作乐，天下大治。周公被后世看作圣贤的典范。

⑥郊：谓祭天。周代于冬至日祭天于南郊，称为"郊"。

⑦明堂：古代天子宣明政教之地。凡朝会、祭祀、庆赏等重大典礼皆在此举行。

⑧上帝：天帝。中国古代指天上主宰一切的神。

⑨膝下：子女幼时常依于父母膝下，因以"膝下"表示幼年。

⑩"以顺则逆"以下四句：与《左传·文公·十八年》所出相似。"以顺则逆"是"以之顺天下则逆"的省略。以下意思是说，如果以"悖德"和"悖礼"来教化和治理民众，就会把一切弄得颠倒。

⑪象：效法。

⑫"淑人"二句：出自《诗经·曹风·鸤鸠》。忒（tè），差错。

【译文】

曾子说："冒昧请问先生，圣人的德行中，难道没有比孝行更重要

扫码看视频

的吗？"

孔子回答："天地之间的生灵中，人是最高贵的。而人的各种德行之中，没有比孝行更重要的了。孝道之中，最重要的是尊敬父亲，而尊敬父亲没有比祭天时将父祖先辈配祀上天更为重大的了，这一做法最初是从周公开始的。从前，周公在南郊祭天时，以始祖后稷配祀；在明堂祭天时，以其父亲文王配祀。因为周公以身作则、践行孝道，所以四海之内的诸侯都各修职贡，前来助祭。由此来看，在圣人的德行之中，还有什么能比孝更加重要呢？所以，子女敬爱父母之心，产生于幼年时期；待到长大成人，便渐渐懂得尊敬父母，奉养父母。圣人根据子女对父母的尊崇的天性，引导他们敬父母；根据子女对父母的亲近的天性，引导他们爱父母。圣人教化人民，不需要严厉的手段就能获得成功；圣人治理国家，不需要严苛的方法就能治理得很好，这是因为他们依据的是人的本性，以孝道去教化天下。父子相亲，这是出于天性自然，同时也体现了君臣大义。父母生子，使其传宗接代，在人伦之中没有比这更重要的了。当兼具了父亲与君王的双重意义时，其重要程度没有任何关系能够超越。所以，不敬爱自己的父母而去敬爱他人，就叫作违背道德；不尊敬自己的父母而去尊敬他人，就叫作违背礼法。君主应以尊重道德和礼法的方式去教化百姓，以顺人心，若反其道而行之，就会是非颠倒，百姓将无所适从，不知该学习、效仿谁。若不以善行带头行孝，教化天下，而以违背道德的手段统治天下，虽然也有可能一时得志，但圣人君子也会对其鄙夷不屑，贱恶其行径。君子的做法就不是这样，他们说话要考虑是否可以说，做事要考虑是否能使人悦服，立德行义要考虑是否可以被尊崇，行事要考虑是否可以被人们效法，形容举止要考虑是否可以被人观望学习，进退行仪要考虑是否合乎礼法，以此统领百姓。所以百姓敬畏他们的威仪，爱戴他们的德行，事事效法他们。所以，就能够顺利地推行道德教育，使政令顺畅地得到推行。《诗经》里说：'贤人君子，他们的容貌举止毫无差池。'"

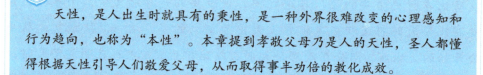

名师点评

　　天性，是人出生时就具有的秉性，是一种外界很难改变的心理感知和行为趋向，也称为"本性"。本章提到孝敬父母乃是人的天性，圣人都懂得根据天性引导人们敬爱父母，从而取得事半功倍的教化成效。

延伸/阅读

使客敬母

　　裴秀，字季彦，西晋河东闻喜人。父亲裴潜曾经担任三国曹魏时的尚书令，而裴秀也凭借自己的才华和能力，成为西晋的名臣，官至尚书令，并且被封为济川侯。

　　裴秀从小就天资聪慧，博览群书，八岁就能赋诗作文，人称其有神童之貌。而且，裴秀从小就是一个非常孝顺的孩子。裴秀是小妾所生，生母身份卑微，因此常常受到嫡母宣氏的歧视和虐待。

有一次，家里大宴宾客，嫡母宣氏命裴秀生母给客人上菜，客人看到端菜的是裴秀生母后全都站了起来，并且全都对她行礼，接过她手里的菜，不让她再端。宣氏在屏风后面看到了这一幕，心中顿时明白这都是因为裴秀，于是感叹道："像她这样卑微的身份，能受到宾客如此礼遇和尊敬，这都是秀儿的缘故啊！"从此以后，宣氏再也没有轻视过裴秀的生母。

学海/拾贝

☆ 人之行，莫大于孝。

☆ 圣人之教，不肃而成，其政不严而治，其所因者本也。

☆ 淑人君子，其仪不忒。

纪孝行章第十

本章论述孝子侍奉父母的孝行，所以称为"纪孝行"。那么，孝子在日常生活中有哪些准则？父母生前，他该怎样做，父母逝后，又该怎样做，才能尽到为人子女的责任，符合孝子的标准？

【原文】

子曰："孝子之事亲也，居则致①其敬，养则致其乐，病则致其忧②，丧则致其哀，祭则致其严③。五者备矣，然后能事亲。事亲者，居上不骄，为下不乱，在丑④不争。居上而骄则亡，为下而乱则刑，在丑而争则兵。三者不除，虽日用三牲⑤之养，犹为不孝也。"

扫码看视频

【注释】

①致：尽。

②致其忧：充分地表现出忧虑的心情。

③严：严肃恭谨。如斋戒沐浴、守夜不睡等，以示庄重。

④在丑：指处于卑贱地位之人。丑，众，卑贱之人。

⑤三牲：指牛、羊、猪。三牲具备，谓之太牢。在古代，太牢属于最高等级的宴会或祭祀的标准。

【译文】

孔子说："孝子侍奉父母时，关于日常起居，要充分地表达出对父母的恭敬；供奉饮食时，要充分地表达出照顾父母的快乐；父母生病了，要充分地表达出对父母健康的担忧；父母离世时，要表达出内心的哀痛之情；祭祀时，要充分地表达出庄严肃穆。这五方面都做到了，才算是对父母尽到了子女的责任。侍奉父母的人，身居上位而不骄傲恣肆，身居下层而不为非作乱，地位卑贱而不互相争斗。身居上位而骄傲恣肆就会招致灭亡；身居下层而作乱就会招致刑祸；地位卑贱而争斗不休，就会兵刀相残。如果以上三种行为不改掉，即使每天都用牛、羊、猪三牲的美味佳肴来供养父母，也仍然不能算是真正的行孝。"

本章中详细讲解了孝顺父母的种种细节，并且提到无论身居高位还是身处下层，都要做到"不骄""不乱""不争"，这样才能保全自己，从而以健全的身心奉养父母。通过本章，我们不仅知道了孝行的标准，更该明白，无论身居高位还是身处下层，都应该全身心地去孝顺父母，这才是为人子女最大的责任。

延伸/阅读

神泉洗目

杨噪，元朝扶风（今陕西扶风县）人，是一位生性至孝的大孝子。他的母亲牛氏得了重病，很难医治。杨噪没有办法，只得向老天祈求保佑，每天焚香膜拜，祈求母亲的病能够早日康复。可能是他的孝心感动了上天，母亲的病竟然真的奇迹般地好了。

可是好景不长，后来母亲又双目失明，行动十分艰难。杨嗛看在眼里，急在心中，他遍寻神医，却劳而无功。一次，他不经意间听说只有太白山的神泉水能治眼疾，就二话不说地启程去往太白山。历尽千辛万苦，他终于登上太白山，找到了神泉，并取回神泉水，每天都亲自为母亲擦洗双眼，从不间断。终于皇天不负有心人，母亲的视力恢复了正常。

后来母亲去世了，那时家乡四处天降大雨，许多地方都被淹没了，可唯独杨嗛母亲的墓地前后数里范围内只有乌云笼罩，却不降雨。人们对此感到很惊奇，认为这是杨嗛用孝心打动了天地。

学海/拾贝

☆ 事亲者，居上不骄，为下不乱，在丑不争。

☆ 居上而骄则亡，为下而乱则刑，在丑而争则兵。

五刑章第十一

名家导读

所谓"五刑"，通常指墨刑、劓（yì）刑、剕（fèi）刑、宫刑、大辟这五种残酷的刑罚。通过前面的学习，我们知道《孝经》中提倡通过道德来教化天下，讲得最多的也是德化。那么，本章为什么会提到残酷的五刑呢？读完本章，相信你就能找到答案。

【原文】

子曰："五刑之属三千①，而罪莫大于不孝。要②君者无上③，非④圣者无法，非孝者无亲。此大乱之道也。"

【注释】

①五刑之属三千：此处指五刑所惩罚的罪行有三千种。

②要：要挟，胁迫。

③上：指君主。

④非：非议，诽谤，诋毁。

扫码看视频

【译文】

孔子说："五刑所惩罚的罪行有三千种，其中最严重的罪是不孝。要挟国君的行为，是目无君主的表现；非议、诽谤圣人的行为，是目无法纪的表现；不守孝道的行为，是目无双亲的表现。这些都是导致天下大乱的根源。"

在本章中，作者首先提出，"五刑"所惩罚的犯罪行为中，罪行最大的是不孝，继而用排比句加强语势，指出不忠、不义、不孝的人，是天下大乱的根源。本章将大乱根源指出，是希望能警醒世人，防微杜渐，以便对症下药。

延伸/阅读

忏悔难除不孝罪

据清代史玉涵《德育古鉴》记载，沛国有一个叫张义的农民，平日里安分守己、辛勤耕耘。他经常害怕自己有什么过错，时常对天忏悔。张义年老多病，精神衰惫，有一年病重，恍惚间被两个冥使带到冥府去。冥王拿出黑簿给他看，本子上记载着他生平的罪孽，残杀生禽、欠缴官税、借钱不还、恶口骂人、挑拨是非、妒忌贤能、诽谤好人……种种过错，都记得清清楚楚。

由于张义痛切忏悔，诚心改过，以上种种罪过，簿上几乎都已一笔勾销。但独有一件恶事没有勾销——张义年少时，父亲让他去割麦子，他瞪着眼睛拒绝了，甚至还顶撞、责骂父亲，因此不赦。冥王对他解释说："罪恶好比衣服上染了污色，忏悔好比用肥皂洗涤。浅的污色可用肥皂洗涤掉，深的污色是无法洗除的。你生平所犯其他罪恶，都是不深的污色，因痛切

忏悔而得以洗除。但忤逆不孝，其罪最重，是极深的污色，虽经忏悔，亦不易洗除。这就是你的黑簿上其他罪恶都已勾销，独有不孝罪孽尚未勾销的原因。好在你晚年诚心改过，所积功德很多，虽未能勾销不孝恶业，尚能延寿，你回阳去吧！"说罢，冥使把张义的肩膀一拍，张义就苏醒回阳了。

从此以后，张义逢人讲说冥间的所见所闻，使人们都尽心尽力地孝顺父母，提醒人们千万不可犯忤逆不孝的恶业。

学海/拾贝

☆ 五刑之属三千，而罪莫大于不孝。

☆ 要君者无上，非圣者无法，非孝者无亲。

广要道章第十二

名家导读

前文《开宗明义章第一》中虽已提到"先王有至德要道"，但并未对"要道"展开说明，故本章以"广要道"为名加以阐述。"广要道"，即推行、宣扬"要道"的义理，教化世人。本章具体阐述了"孝道"的内涵，指出躬亲尽孝、礼敬他人，才利于保持天下的长治久安，使平民百姓生活幸福。

【原文】

子曰："教民亲爱①，莫善于孝②；教民礼顺，莫善于悌③；移风易俗④，莫善于乐⑤；安上治民，莫善于礼⑥。礼者，敬而已矣。故敬其父，则子悦；敬其兄，则弟悦；敬其君，则臣悦。敬一人⑦，而千万人⑧悦。所敬者寡，而悦者众。此之谓要道矣。"

【注释】

①亲爱：指相亲相爱。

②孝：此处指推行孝道。

③悌：敬爱兄长。此处指推行悌道。

④移风易俗：改变旧的、不良的习俗，树立新的、合乎礼教的习俗。

⑤乐：古人所说的乐，包括音乐和舞蹈，属于礼制范畴。此处指推行乐教。

⑥礼：礼可以用来规定君臣、父子之别，明确男女、长幼之序，所以可以"安上治民"。此处指推行礼教。

⑦一人：指父、兄、君。

⑧千万人：与"一人"有关的其他人，如子、弟、臣。千万，只是举其大数而已。

【译文】

孔子说："教育人民相亲相爱，再没有比推行孝道更好的办法了。要让百姓恭顺有礼，再没有比推行悌道更好的办法了。要改变旧的、不良的社会风气和习俗，树立新的、合乎礼法的风气和习俗，再没有比推行乐教更好的办法了。要使国家安稳，管理好民众，再没有比推行礼教更好的办法了。所谓礼，究其本质不过是个'敬'字罢了。所以，尊敬他人的父亲，他人的儿子就觉得高兴；尊敬他人的哥哥，他人的弟弟就觉得高兴；尊敬他人的国君，他人的臣子就觉得高兴。尊敬一个人，而千千万万的人会感到高兴。所尊敬的人虽然只是少数，但觉得高兴的却是许许多多的人。这就是把推行孝道称作'要道'的理由。"

名师点评

本章中，孔子指出，想要"广要道"，便要在孝敬自己父母、尊重长者的同时，推广和传播孝行、善行，从而构成社会整体秩序的和谐。如文中所说，一个人尊重别人的父母，可以使其子女快乐；这些子女也会尊敬他人的父母，而他人也就会很开心。当种种善举生生不息地传扬推广，整个国家就会形成和谐安乐的风气。

延伸/阅读

郑板桥弘扬孝道

郑燮（1693—1766），清代著名书画家，字克柔，号板桥，也称郑板桥，被誉为"扬州八怪"之一。郑板桥是康熙年间的秀才，雍正时的举人，到乾隆时期终于考中进士，曾任山东范县、潍（wéi）县知县。

郑家本是书香门第，但到郑板桥父亲这一辈的时候，家道中落。郑父虽然有些学识，但只考得个廪生，在破败的家中开设了一个小型学堂，教几个幼童读书。郑板桥出生时，郑家由于祖上积累的家资早已耗尽，生活十分拮据。郑板桥三岁时，生母就去世了，郑板桥便由继母抚养。郑板桥的继母贤惠而有爱心，可惜体弱，禁不住饥寒的煎熬，在郑板桥十四岁时也去世了，对未成年的郑板桥来说，这又是一个很大的打击。郑板桥只好由乳娘费氏抚养，这位乳娘是他祖母的侍婢，为感谢主人多年的恩情，一直与郑家共患难。乳娘费氏是一位善良、勤劳、朴实的劳动妇女。据说每日清晨，她都带着瘦弱的郑板桥到集市上做小贩，宁愿自己饿着肚子，也要先买个烧饼给郑板桥充饥。乳娘费氏给了郑板桥悉心周到的照料和无微不至的关怀，成了少年郑板桥生活和感情上的支柱。长大后的郑板桥一直牢记继母和乳娘无私的养育之恩，无奈她们都已过世，自己没机会向她们再尽孝道。他便决心以在世间传播孝道为己任，身体力行，大力弘扬孝道，使人们都孝敬自己的父母、亲人，促进家庭和睦。

郑板桥在山东潍县做县令时，喜欢微服私访体察民情。有一天，他领着一名书童走到城南一个村庄，见一民宅门上贴着一副新对联：

家有万金不算富，命中五子还是孤。

郑板桥感到很奇怪，现在不是过年过节，这家贴对联干什么？而且对联写得又十分含蓄古怪。他便叩门进宅，见家中有一位老人，老人强颜欢笑将郑板桥引进屋内。郑板桥见老人家徒四壁，一贫如洗，便问道："老先生贵姓？今日有何事？"老人唉声叹气地说："我姓王，今天是老夫的生日，便写了一副对联自娱，让先生见笑了。"郑板桥似有所悟，向老人说了几句贺寿的话，便告辞了。

郑板桥一回县衙，便命差役将南村王老汉的十个女婿叫到衙门来。书童纳闷儿，便问道："老爷，您怎知那老汉有十个女婿？"郑板桥给他解释说："看他写的对联便知，小姐乃'千金'，他'家有万金'，不就是有十个女儿吗？俗话说'一个女婿半个儿'，他'命中五子'，正是十个女婿。"书童一听，恍然大悟。

老汉的十个女婿到齐后，郑板桥不仅给他们讲了孝敬老人的道理，还规定十个女婿要轮流侍奉岳父，让他安度晚年。最后又严肃地说："你们中如果有哪个不善待岳父，本官定要治你们的不孝之罪！"第二天，十个女儿和女婿都上门看望老人，并带了不少衣服、食品。王老汉看到女婿们一下子变得如此孝顺，有点儿莫名其妙，一问女儿、女婿，方知昨日来的是郑大人，心中不禁感激万分，连连称赞郑大人是个好官。

学海/拾贝

☆ 教民亲爱，莫善于孝；教民礼顺，莫善于悌；移风易俗，莫善于乐；安上治民，莫善于礼。

☆ 礼者，敬而已矣。

☆ 敬一人，而千万人悦。

广至德章第十三

名家导读

上一章论述了如何把孝道推而广之，即"广要道"。而"要道"和"至德"都是使天下安定的非常重要的条件，两者缺一不可。那么，君子该如何践行，才能使"至德"更加广阔呢？

【原文】

子曰："君子之教以孝也，非家至而日见①之也。教以孝，所以②敬天下之为人父者也；教以悌，所以敬天下之为人兄者也；教以臣，所以敬天下之为人君者也。《诗》云：'恺悌君子，民之父母。③'非至德，其孰④能顺⑤民，如此其大者乎？"

扫码看视频

【注释】

①日见：天天见面。此处指当面教人行孝。

②所以：表示原因。

③"恺悌"二句：出自《诗经·大雅·泂酌》。据说原诗为西周召康公为劝勉成王而作。恺悌，和乐安详，平易近人。

④孰：谁。

⑤顺：顺服。

【译文】

孔子说："君子以孝道教化百姓，不必走遍家家户户、天天当面去教人行孝。要以孝道教化百姓，就要尊敬普天之下做父亲的人；要以悌道教育百姓，就要尊敬普天之下做哥哥的人；要以臣道教化百姓，就要尊敬普天之下做国君的人。《诗经》上说：'平易近人的君子啊，您是天下百姓的父母。'如果没有至高无上的德行，有谁能够教化百姓，使百姓如此顺服呢？"

名师点评

　　本章和上一章相互补充、相互贯通，较为全面地诠释了"广至德要道"的方法，起到了交相呼应的效果。文中提到，君子教人尽孝，是为了让天下的父亲都能受人尊重；教人为悌之道，是为了让天下的兄长都受到尊重。推己及人，由小及大，才是教化天下的良方。而也只有拥有至高德行的人，才能使天下归顺。

延伸/阅读

郑庄公见母

　　郑国的第一个君王是郑桓公，第二个君王是郑武公。郑武公娶了申侯（春秋时申国的一位国君）的女儿做夫人，此女后又称武姜。武姜为郑武公生了两个儿子，武姜在生第一个儿子的时候难产，吃尽了苦头，就给他取了个名字叫寤生。"寤"是"逆"的意思，从这个名字就知道武姜很不喜欢这个难产的儿子。后来武姜又生了第二个儿子，叫叔段，由于生叔段的时候是顺产，武姜就非常喜欢这个小儿子。

公元前744年，也就是郑武公在位的第二十七个年头，他要立储君，武姜想让自己喜欢的二儿子叔段做储君，但根据长子继承的法则，这是不可能的。最后，郑武公当然是根据立长的规矩，立了寤生做储君。同年，郑武公因病去世，寤生即位，这就是郑国的第三个君王郑庄公。

庄公即位后，母子之间的关系不但没有改善，反而越来越紧张了。武姜替次子叔段求情，叫庄公将这个弟弟封在地势险要的制地。这个制地可不是一般的地方，它就是虎牢，是兵家必争之地，要是将制地封给了叔段的话，那就意味着将郑国的命脉交给了叔段，庄公当即拒绝了。武姜又向庄公施压，叫他将京地封给弟弟。京地在今河南荥阳东南，在郑国都城新郑西北，封地面积不合应有的规制，但最后，庄公还是无奈地同意了。

叔段得到了这块宝地之后，果然以此为后盾，在母亲武姜的协助下，发动了兵变。庄公将这位弟弟打败，而后叔段出奔共国（今河南辉县）。

庄公对自己的母亲协助弟弟谋反一事非常不满，就不再让母亲待在国都，而是将母亲迁徙到郑国都城南部的城颍（今河南临颍），并发了誓言说："不及黄泉，无相见也。"然而，郑庄公说了这话之后又有些后悔，但作为一国之君又不便反悔。庄公手下的大臣颍考叔听说这事后，就给庄公出了个主意：既然发的誓言是在黄泉之下才能见到母亲，那就在地下挖一个地道，母子在地道中相见，这样既没有违背自己的誓言，又能见到自己的母亲。于是，郑庄公就按照颖考叔说的办法做了，与母亲在地道中相见。母子相见非常愉快，两人和好如初。庄公为此还写了诗说："大隧之中，其乐也融融！"他的母亲也赋诗一首说："大隧之外，其乐也洩洩。"

学海/拾贝

☆ 教以孝，所以敬天下之为人父者也。

☆ 教以悌，所以敬天下之为人兄者也。

☆ 恺悌君子，民之父母。

广扬名章第十四

名家导读

《开宗明义章第一》中提到"扬名于后世，以显父母"，是"孝之终也"，也就是使自己扬名后世，使父母获得荣耀，以达到"孝"的终极目标。那么，君子该怎么做，才能"扬名"，实现孝道，荣显父母呢？本章即对此展开论述。

【原文】

子曰："君子之事亲孝，故忠可移于君①；事兄悌，故顺可移于长；居家理，故治可移于官②。是以行③成于内④，而名立于后世矣。"

【注释】

①"君子"二句：儒家学者"移孝作忠"的理论。
②"居家理"二句：指家庭事务管理得好，就能把管理家庭事务的经验移于做官，管理好国政。
③行：指孝、悌、善于管理家庭三种优良的品行。
④内：指家里。

扫码看视频

【译文】

孔子说："君子侍奉父母能恪尽孝道，那他就能将这种孝心转为侍奉君主的忠心；君子侍奉兄长能知孝悌，那他就能将悌道转为侍奉官长的恭顺；君子管理家政有条理，那他就能把治家之道转为管理国事、处理公务的策略方针。所以，在家里养成了美好的品德，美好的名声也将会传扬后世。"

在本章中，作者利用递进的手法，再次提出了孝顺父母与忠于国君的关系，同时点明了敬爱兄长与尊重前辈、善于治家和长于治国之间的联系。这与《礼记》中的"古之欲明明德于天下者，先治其国；欲治其国者，先齐其家；欲齐其家者，先修其身"是一个道理。只有提高自身的修养，才能将家庭经营好；而国家就是由一个个的小家庭组成的大家庭，只有能经营好小家庭的人，才有可能治理好国家，也只有这样，才能扬名于后世。

延伸/阅读

岳飞移孝为忠

徽宗崇宁二年（1103 年），相州汤阴县（今属河南）的农户岳和家传出一阵婴儿的哭声，一个小生命诞生了。

相传岳飞出生时，有一只大鹏从岳家屋顶上飞鸣而过，所以父母给他取名为"飞"，字鹏举。

岳飞家境苦寒，但母亲姚氏见儿子聪明勇武，堪当大任，就不顾生活艰辛，坚持请老师教岳飞读书习武。

当时正值金人侵辽，窥视中原，姚氏教导儿子要练成本领，杀敌保国。

光阴流逝，一转眼岳飞已长大成人。他每日勤学用功，吃苦耐劳，艺业大进。

听说朝廷正在招募士卒，他便赶去投军。仗着文武全才，一身本领，岳飞不久便连续得到提拔。但当时南宋朝廷士气低落，吃了败仗就打算逃往东南避敌。岳飞心中愤慨，便上了数千言的奏疏，痛陈南迁避敌的危害，但他的意见不仅没被采纳，还因"越职言事"被革职。

岳飞见奸佞（nìng）当道，壮志难酬，不由得心灰意冷，一怒就往汤阴老家赶去。到家见了母亲，谈起这次从军经过，意欲奉母避往江汉。

姚氏看到灰心丧气的儿子，慨然道："倘若国亡家破，我们又能逃到哪

里呢？你受了一点儿闲气就跑回来，真让我痛心！为了不让你再有退缩之念，我要在你背上刺几个字，叫你永远记着自己的责任！"于是岳母在岳飞的背上刺了"尽忠报国"四个字。

从此，岳飞走上了报国之途，经过十多年的沙场鏖战，他屡建奇功，成了一代名将。

后来，姚氏病重，岳飞亲奉汤药，衣不解带。姚氏自知命不久矣，恐爱子悲痛过度，伤了身体，便临终遗命，再三叮咛道："人生终有尽时，现在强敌未灭，国家多难，你若真的要尽孝，就应该以国家为重。"

听了母亲的吩咐，岳飞强忍悲痛，连连称诺。

母亲过世之后，岳飞和儿子岳云赤足扶柩，冒着炎暑泥泞，亲往庐山葬母，并且连上奏章哀述，愿终三年之丧。但因战事不断，岳飞不得不提前返回战场。

移孝为忠的岳飞率岳家军大败金军统帅完颜宗弼（bì）的主力于郾（yǎn）

城、颍昌等地，完颜宗弼逃出开封退回北方。就在这时，昏庸懦弱的宋高宗竟然听信谗言，发十二道金牌命岳飞撤回岳家军。

岳飞仰天长叹"十年之力，废于一旦"，然后失声痛哭，用嘶哑的声音宣布了撤军命令。

北伐虽然失败了，岳飞精忠报国的精神却世代相传，受到后世的景仰。

学海/拾贝

☆ 君子之事亲孝，故忠可移于君；事兄悌，故顺可移于长；居家理，故治可移于官。

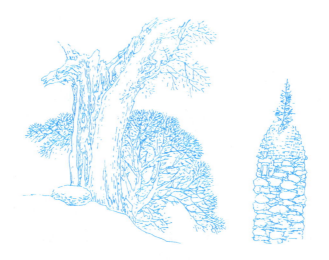

谏诤章第十五

所谓"谏诤"，是指位低者对位高者直言规劝，以使其改正错误。这与《孝经》通篇讲的孝顺父母、忠于君主等内容看似不一致，但孝顺父母、忠于君主并不是盲目的，所以要求忠臣孝子做到敢于"谏诤"，以避免父母、君长出现不必要的错误。

【原文】

曾子曰："若夫①慈爱②、恭敬、安亲、扬名，则闻命矣。敢问子从父之令，可谓孝乎？"

子曰："是何言与③！是何言与！昔者，天子有争臣④七人，虽无道，不失其天下；诸侯有争臣五人，虽无道，不失其国；大夫有争臣三人，虽无道，不失其家；士有争友，则身不离于令名⑤；父有争子，则身不陷于不义。故当不义，则子不可以不争于父；臣不可以不争于君；故当不义则争之。从父之令，又焉得为孝乎！"

【注释】

①若夫：句首语气词，用于引起下文。

扫码看视频

②慈爱：这里指爱亲。

③与：通"欤（yú）"。句末语气词，表示感叹或疑问的语气。

④争臣：敢于直言规劝的臣僚。

⑤令名：好名声。令，美好。

【译文】

曾子说："孝道要做到爱亲、敬亲、安亲、扬名于后世等，这些教诲我都已经听您讲过了。我还想请问老师，做儿子的能够听从父亲的命令，就可以称作孝顺吗？"

孔子回答道："这是什么话呢！这是什么话呢！从前，天子身边如果有七个敢于直言谏诤的臣子，即使他昏庸无道，也不至于失去天下；诸侯身边如果有五个敢于直言谏诤的臣子，即使他昏庸无道，也不至于亡国；大夫身边如果有三个敢于直言谏诤的家臣，即使他昏庸无道，也不至于丢掉封邑；士身边如果有敢于直言谏诤的朋友，那么他就能保持美好的名声；父亲如果有敢于直言谏诤的儿子，那么他也就不致陷于不义之中。所以，当父亲有不义之举时，做儿子的不可不对父亲直言谏诤；当君主有不义之举时，做臣子的不可不对君主直言谏诤；所以说面对不义之举就一定要直言谏诤。做儿子的一味听从父亲的命令，又哪里能称得上孝呢！"

名师点评

在本章中，作者先是使用排比句式，强调了谏诤这一行为对国家与家庭、个人的重要性，随后指出忠臣孝子的谏诤可以令君主和父亲不致陷入不义之中。由此可以看出，《孝经》中所要求的孝道，并不是盲目服从、依顺的愚昧之孝，而是辨是非、明大义的明智之孝。

延伸/阅读

直言敢谏的魏徵

公元 626 年，李世民登基，是为唐太宗，次年改元贞观。他让魏徵做了太子宫詹事主簿，不久又将他提为谏议大夫。唐太宗吸取了隋炀帝杨广不肯采纳臣下意见的教训，鼓励大臣勇敢地向他提意见，其中最著名的谏臣就是魏徵。魏徵出身寒门，从小就读了很多书，后来又做过道士，参加过起义军，对社会问题有着敏锐的洞察力。他性情耿直，所以进谏时能做到知无不言、言无不尽。据《贞观政要》记载，他一生劝谏的话足足有数十万言、两百多件事。他劝谏次数之多、言辞之激烈、态度之坚定，都是其他大臣远远赶不上的。

有一次，唐太宗问魏徵："历史上的君王，为什么有的人明智，有的人昏庸？"

魏徵说："多听听各方面的意见，就明智；只听单方面的话，就昏庸。"他又举了历史上尧、舜和秦二世、梁武帝、隋炀帝等人的例子，说："治理天下的人君如果能够采纳下面的意见，那么下情就能上达，他的亲信想蒙蔽也蒙蔽不了。"

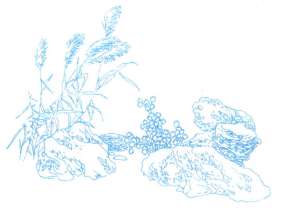

魏徵的意见越提越多，大到国家施政方针，小到皇家礼制，只要觉得不合理、不适当的，他都要进谏。有时候魏徵还在朝堂上当面与唐太宗争辩，弄得唐太宗下不来台。

一次，魏徵又在朝堂上顶撞唐太宗。唐太宗下朝后，憋了一肚子气回到内宫，见到长孙皇后就气冲冲地说："总有一天，我要杀了魏徵！"

长孙皇后是历史上著名的贤后，弄清楚怎么回事后，一声不吭地回到室内，重新换了一套隆重的朝服，出来向太宗行起了大礼。

唐太宗大吃一惊，问："你这是干什么？"

长孙皇后从容地说："我听说英明的天子才会拥有正直的大臣。现在魏徵敢直言进谏，正说明陛下英明，我怎么能不祝贺陛下呢？"

这番话就像一盆清凉的水，把唐太宗满腔的怒火都浇灭了，他不再记恨魏徵，反而夸奖起他来，说："大家都说魏徵出身寒微、举止粗俗，我却觉得他有真性情！"

公元643年，直言敢谏的魏徵病死了。唐太宗很难过，流着泪说："用铜做镜子，可以看见衣帽是不是端正；用历史做镜子，可以知道国家兴亡的原因；用人做镜子，可以发现自己做得对不对。魏徵一死，我就少了一面好镜子啊！"

由于唐太宗能采纳大臣的直谏，朝廷里集中了一大批优秀的人才。唐太宗还注重减轻百姓的劳役，实施了一系列轻徭薄赋的方针，兴修水利，开垦荒地，让百姓们安心生产，唐朝的经济迅速恢复和发展起来。在君臣的共同努力之下，出现了一个政治清明、经济发展、社会安定的治世。唐太宗的年号是贞观，历史上就把这段时期称作"贞观之治"。

学海/拾贝

☆ 士有争友，则身不离于令名。

☆ 父有争子，则身不陷于不义。

☆ 从父之令，又焉得为孝乎！

感应章第十六

名家导读

　　"感应"，指互相影响，交感相应。此处指孝悌之道可以感动天地神明而获天地神明降福保佑。古人十分注重"天人感应"，认为天和人是相通且相互感应的，人的行为应该顺乎天理、合于天道。天子如若违背天意，上天就会降下灾难以示警告；天子若是顺应天意，上天就会降下祥瑞以示鼓励，从而将天下治理好。

扫码看视频

【原文】

　　子曰："昔者，明王事父孝，故事天明；事母孝，故事地察；① 长幼顺，故上下治。天地明察，神明彰矣。故虽天子，必有尊也，言有父也；必有先也，言有兄也。宗庙致敬，不忘亲也。修身慎行，恐辱先也。宗庙致敬，鬼神著②矣。孝悌之至，通于神明，光③于四海，无所不通。《诗》云：'自西自东，自南自北，无思不服。④'"

【注释】

　　① "昔者"五句：《白虎通义》有言："王者父天母地。"又《周易·说卦》："乾，天也，故称乎父；坤，地也，故称乎母。"说明父道与天道相通，母道与地道相通。

②著：一说音 zhù，昭著的意思，指神灵显著彰明。一说音 zhuó，就位、附着的意思，指鬼魂归附宗庙，不为凶厉，从而庇佑后人。

③光：光耀，照耀。《尚书·洛诰》："惟公德明光于上下。"

④"自西"三句：出自《诗经·大雅·文王有声》。原诗赞颂周文王和武王显赫的武功。思，语气词，无实义。

【译文】

孔子说："从前，圣明的君主侍奉父亲非常孝顺，所以也能虔诚地祭祀天神，而天神也能明白他的孝敬之心；他侍奉母亲非常孝顺，所以也能虔诚地祭祀地祇，而地祇也能洞察他的孝敬之心；他能够处理好家庭中的长幼关系，所以也能够处理好国家的上下关系。天地之神明洞察孝子的所思所行，感其至诚，于是降福保佑他们。虽然天子地位尊贵，但是必定还有比他尊贵的人，那便是他的父辈；必定还有长于他的人，那便是他的兄辈。在宗庙举行祭祀时充分表达虔诚敬意，不敢忘记已故的亲人。注意自身修养，做事谨慎小心，生怕给祖先带来耻辱。在宗庙举行祭祀时充分表达对先人的敬意，感动了鬼神，鬼神就会降临，接受祭飨，显灵赐福。对父母兄长孝敬顺从达到了极致，就会和神明相通，从而辉耀天下，没有孝道教化不可达到的地方。《诗经》上说：'从西、东、南、北，四面八方，教化所至没有不顺服的。'"

名师点评

在中国古代，人们以天地之神为最高的神灵，以天地崇拜和祖先崇拜为两大基本信仰。《孝经》此章明写对天子一人的要求，实则是对天下庶民的要求。利用"天人感应"的思想，将人们对天神的崇拜、对祖先的崇敬和对父母的孝顺有机结合起来，强调天地神明能够明察人们是否恪尽孝道，以警示现实生活中的人，敦促他们践行孝道。

延伸/阅读

孝心感天的吴氏

宋代的都城有一个孀妇,人称吴氏。吴氏在很年轻的时候就死了丈夫,自己没有生儿育女,只有年老的婆婆和自己相依为命。

吴氏对自己的婆婆非常孝顺,冬天的时候外面冰天雪地,她害怕婆婆睡觉的时候冷,就一定为婆婆暖好被子再请她就寝,如果没有火种就用自己的身体去温暖冰冷的棉被。婆婆年纪大了,眼睛也看不见东西了,她觉得愧对吴氏,而且觉得吴氏守寡这么多年很孤单,就想为吴氏招赘,但是被吴氏坚决地制止了。

此后,吴氏更加尽心伺候婆婆,自己省吃俭用、辛勤劳作,将染布、养蚕挣来的钱全部拿来孝敬婆婆。对婆婆因年纪大所造成的过失极力掩饰,害怕婆婆知道后会伤心。

有一次在做饭的时候,邻居将吴氏叫出去了,婆婆怕饭煮得太烂,想把饭倒在盆子里,可是却把脏水桶误当作盆子把饭倒了进去。吴氏看到后赶忙到邻居家借来饭让婆婆吃,而自己却把脏水桶里的饭捞上来,用水洗过蒸熟后再吃。吴氏又想婆婆年纪大了,需要置办后事所需的东西,但是自己又没有钱买棺材,于是就将自己所有值钱的东西典当殆尽,托邻居去办后事。

吴氏对婆婆的孝心真可谓无微不至。好心自有好报,有一天晚上吴氏做了一个奇怪的梦,梦中有一位白衣仙女对她说:"你虽然只是一个村妇,可是却如此深明大义,能将婆婆侍奉得如此周到,现在上天赐给你一枚钱币。"

早上起来后,吴氏果然在床头发现了一枚钱币,过了一晚上这一枚钱币居然变成了上千枚,等吴氏用完之后又会有新的钱币源源不断地生出来,人们将其称为"子母钱"。

　　许多年以后，吴氏在没有任何病痛的情况下平静地死去，她所住的地方生出一股奇异的香气，几个月后才散去，而那枚钱币随着吴氏的去世也就消失了。

学海/拾贝

☆ 昔者，明王事父孝，故事天明；事母孝，故事地察；长幼顺，故上下治。

☆ 修身慎行，恐辱先也。

☆ 孝悌之至，通于神明，光于四海，无所不通。

事君章第十七

名家导读

"事君",即侍奉君主。本章主要讲臣子侍奉君主的准则,讲明臣子在朝廷上应如何"事君",在家里又该如何"事君",才算忠心"事君"。

【原文】

子曰:"君子之事上也,进^①思尽忠,退^②思补过,将^③顺其美^④,匡救其恶^⑤,故上下能相亲也。《诗》云:'心乎爱矣,退^⑥不谓矣。中心藏之,何日忘之?'"

【注释】

①进:上朝觐见。

②退:下朝归家。

③将:执行,实行。

④美:指正确的。

⑤恶:错误,过失。

⑥退:远。

扫码看视频

【译文】

孔子说:"君子侍奉君主时,在朝廷上要竭尽心力谋划国事,归家后则尽力思索，以寻找并补救过失。如果君王的政令是正确的，就尽力执行，坚决服从。如果君王的政令是错误的，就设法阻止，加以匡正。这样就能君臣同心同德，朝廷上下相亲。《诗经》里说：'百家爱君之心，虽离左右，不谓为远。爱君之志垣藏于心，无日暂忘。'"

名师点评

　　本章主要说明了臣子"事君"的准则。在孔子看来，臣子事君不仅要尽忠竭力去为君王出谋划策，还要想着如何弥补君王的过失，指正君王的错误。纵观古今，直言敢谏的名臣比比皆是，如比干、魏徵、杜如晦、海瑞等。只有臣子敢于劝谏君王，君王才能谨言慎行，国家才能长治久安。

延伸/阅读

刘行本谏君

　　刘行本是隋朝有名的直臣。他父亲在梁朝做官，一直以清廉扬名。后来他也应召出仕，任武陵国常侍，后归附北周，居于新丰。

　　刘行本为人刚正不阿，直言敢谏，多次劝谏行为有失的北周宣帝，而遭贬谪。隋文帝杨坚登基后，刘行本被征拜为谏议大夫、检校治书侍御史。不久，又迁为黄门侍郎。

　　有一次，隋文帝对一个侍从官吏大为恼怒，叫人在御殿前鞭打他。刘行本进谏

说："他一贯清正，过失又很小，希望陛下稍微宽免他。"隋文帝置之不理。于是刘行本走到隋文帝面前，神情严肃地说："陛下认为我不是不肖之人，而把我安置在身边。我的话如果是正确的，陛下怎能不听从？我的话如果不对，那就应当把我交给狱官治处，以严明国法，怎能这样轻视我而不加理睬呢？我所说的话并不是出于私情。"说完这话，他把手里的笏板往地上一丢便走，隋文帝见此，马上严肃起来，向刘行本道歉，并原谅了被鞭打的侍从官。

学海/拾贝

☆ 君子之事上也，进思尽忠，退思补过，将顺其美，匡救其恶，故上下能相亲也。

☆ 心乎爱矣，遐不谓矣。中心藏之，何日忘之？

丧亲章第十八

名家导读

"丧亲"，指父母亡故。本章主要讲父母亡故后，孝子办理丧事和祭祀时应当注意的一些事宜。此外，还告诫孝子不要以损害身体为代价来寄托哀思。那么，孝子治丧和祭祀时应该具体注意哪些事项呢？怎样做才算是符合孝道呢？

【原文】

扫码看视频

子曰："孝子之丧亲也，哭不偯^①，礼无容^②，言不文^③，服美不安，闻乐不乐^④，食旨^⑤不甘^⑥，此哀戚之情也。三日而食^⑦，教民无以死伤生。毁不灭性^⑧，此圣人之政也。丧不过三年^⑨，示民有终也。为之棺、椁^⑩、衣、衾^⑪而举之；陈其簠、簋^⑫而哀戚之；擗踊^⑬哭泣，哀以送之；卜其宅兆^⑭，而安措^⑮之；为之宗庙，以鬼享之；春秋祭祀，以时思之。生事爱敬，死事哀戚，生民之本^⑯尽矣，死生之义备矣，孝子之事亲终矣。"

【注释】

①不偯（yǐ）：指哭泣时要随着气息用尽而停下，不可故意拖腔拖调，让哭声无限延长。形容哭得声嘶力竭。偯，哭的余声。

②容：仪容姿态。

③文：文采，辞采。

④闻乐不乐：前一个"乐"指音乐，后一个"乐"指快乐。

⑤旨：美食，美味。

⑥甘：味美，好吃。

⑦三日而食：指父母去世后，孝子在三天后才进食。按《礼记·问丧》："亲始死……水浆不入口，三日不举火，故邻里为之糜粥以饮食之。"

⑧毁不灭性：指悲伤哀恸不应伤及自身性命。按《礼记·檀弓下》："毁不危身，为无后也。"毁，哀毁，旧谓居丧时因过度伤心而损害身体。性，性命。

⑨丧不过三年：为亡故的父母服丧不超过三年。按《礼记·三年问》："三年之丧，二十五月而毕，哀痛未尽，思慕未忘，然而服以是断之者，岂不送死有已、复生有节也哉？"

⑩棺、椁：古代棺木有两重，里面为棺，外面为椁。

⑪衣、衾（qīn）：指为死者准备的衣服和被子。

⑫簠（fǔ）、簋（guǐ）：原指盛放食物的器皿，此处指盛放供品的祭器。

⑬擗（pǐ）踊：捶胸顿足。

⑭宅兆：指墓地。宅是墓穴，兆是坟地。

⑮安措：安置。

⑯本：这里指孝道。

【译文】

孔子说："孝子失去双亲，哭得声嘶力竭，行为举止不再注重仪容姿态，言辞谈吐不再讲究辞藻文采，穿上鲜艳的衣服会觉得心中不安，听到悦耳的音乐也不感到快乐，吃到美味的食物也不觉得好吃，这些举动都充分表达了对父母的哀思之情。据《礼记》要求，父母去世三日后，孝子应当进食，这是教育人们不要因为悼念死者而损害了自己的身体。孝子不可因过度悲伤而危及性命，这就是圣人对丧礼的规定。服丧的时间不超过三年，这是告诉人们丧礼有终结的期限。按照丧礼程序，孝子要备好里棺、外棺、寿衣、寿被，将尸体恭敬地置入棺内；摆好供奉食物的器具如簠、簋之类，以寄托生者的哀思；捶胸顿足，痛哭哀号，悲伤不已地把死者送往墓地；通过占卜择选墓地，妥善地进行安葬；设立宗庙，用祭祀鬼神的礼节向先人供奉食物；此后随着春秋变换，按照时令定期举行祭祀，表达对亲人的怀念和哀思。父母在世时，孝子以爱敬之心侍奉父母；父母去世后，孝子以哀痛之情料理父母的后事，这就算尽了孝道，履行了对父母生养死葬的大义，作为一个孝子，其孝行算是有始有终了。"

点名师评

　　本章中，孔子主要讲述了孝子在为父母举办丧事和祭祀时的一些事宜，包括为亡者准备棺、椁、衣、衾，选择墓穴和坟地，设立宗庙及供奉食物等。除此之外，孔子特别指出，孝子在悲痛之余，要爱惜身体，因为"身体发肤，受之父母"，如果因为父母的去世而损害身体健康，也是有违孝道的。总之，真正的孝道，就是生时好好侍奉父母，死后好好安葬父母。我们每个人都应该以此为标准，去敬爱父母、孝顺父母，去传承孝道，让整个社会充满爱。

延伸/阅读

母老乞归

　　林大钦出生于广东海阳（今广东潮州），字敬夫，号东莆，明代嘉靖年间壬辰科状元。

林大钦自小家境贫寒，却极其孝敬父母。他天资聪颖，在潮州一带被称为"神童"。他设法向藏书万卷的族伯借书学习，博览诸子百家经典著作，笔下气势磅礴，酷似三苏。当时，陇美村的黄石庵先生曾去任教，见林大钦异常聪颖，又虚心好学，对他十分器重，便将他带回陇美村就读。

林大钦十六岁时父亲去世了，家里更加困苦。为谋生计，减轻母亲的负担，他经常到附近塾馆帮人抄书以补贴家用。成家之后，林大钦和妻子尽心尽力地奉养母亲，他们的行为深受邻里赞扬。

明嘉靖十年（1531年）秋，林大钦得中省试举人。

第二年春天，林大钦赴京赶考，名列榜首，得中状元，深受嘉靖皇帝器重，授职翰林院编修。

他刚去翰林院任职，就把母亲和恩师黄石庵接到京城奉养。为进一步报答师恩，林大钦请旨在陇美村建造"状元先生第"（至今宅第基本完好）。大门的石匾上镌刻了"黄氏家第"字样，落款写着"门人林大钦题"，门联上则写着"状元先生第，进士世范家"，这些均为林大钦手笔。

可惜林大钦的母亲到京不久，由于水土不服，竟一病不起。林大钦想尽办法遍请名医为母诊治，却毫无起色。

嘉靖十二年（1533年），揭阳县进士翁万达（后来官至兵部尚书）出任广西梧州知府。他经常与林大钦互通书信，林大钦曾在信中对翁万达说："老母卧病，侵寻已七八月，此情如何能言。今只待秋乞归山中，侍奉慈颜，以毕吾志尔。"林大钦还在《与卢文溪编修》一信中说："老母病较弱，终岁药石，北地风高，不可复出矣。"

是年秋后，林大钦因"老母病较弱，终岁药石"，奏请"乞恩侍养"，最终获准护送老母返回潮州。

林大钦初回潮州时，没有居住的地方，常常向人借宅暂居。后来，为了让老母安享晚年，他决定建造府第。然而，又担心"土木之华，豪杰所耻"，再加上能力有限，以致工程迟迟没有进展。

在此期间，朝廷多次下召让林大钦回朝复职，林大钦始终以"视富贵如浮云，温饱非平生之志；以名教为乐地，庭闱实精魄之依"为由，屡辞不就。母亲得病的数年间，林大钦侍母至孝，明朝天启年间户部侍郎林熙春对其形容道："母安则视无形，听无声，纵寒暑不辞劳瘁；母病则仰呼天，俯呼地，即神鬼亦尔悲哀。"

1540年，林母病逝。林大钦悲痛至极，大病一场。至于要为母亲而建的府第也就被视为废物，半途停建，落得个"府存墙而无堂屋，门存框槛而无扉"的凄凉景象。

之后的几年，林大钦基本是在病榻上度过的。林熙春形容其哀母的情形为："母死而骨立支床，吊人殒泪；母葬而跣行却盖，观者蹙眉。"林大钦在《复翁东涯》信中也说："自失承欢，忧病漂泊。杜鹃之愁，日夜转深。望云兴悲，对鸟泪下。居则若有所亡，出则侗然不知所往。"

林大钦卧病期间，仍然非常关注当地民生，不止一次给潮州知府龚缇去信，不厌其烦地告诉龚知府，要顺时令、重民事、申孝悌、崇节义、省器用、恤孤寡、治沟渠、修传舍、清径路……

当时，蒙古俺答部侵略明朝北部边境，战事不断。1544年，翁万达由四川按察使调任都察院右副都御史，巡抚陕西，赴西北前线指挥战事。林大钦对此又担忧又兴奋，特此去信表示慰问，并大谈用兵之道。可见，林大钦仍然非常关心时政。

　　1545 年，林大钦病逝。

　　随着林大钦的遗著《东莆文集》等广为传览，他的故事也一直流传于潮汕民间。

学海/拾贝

　　☆ 孝子之丧亲也，哭不偯，礼无容，言不文，服美不安，闻乐不乐，食旨不甘，此哀戚之情也。

　　☆ 生事爱敬，死事哀戚，生民之本尽矣，死生之义备矣，孝子之事亲终矣。

【附录】

二十四孝

孝感动天

【原文】

虞舜①，姓姚，名重华，瞽瞍②之子。性至孝。父顽，母嚚③，弟象④傲。舜耕于历山，象为之耕，鸟为之耘⑤，其孝感如此。陶⑥于河滨，器不苦窳⑦；渔于雷泽，烈风雷雨弗迷。虽竭力尽瘁，而无怨怼⑧之心。尧闻之，使总百揆⑨，事以九男，妻以二女。相尧二十有八载，帝遂让以位焉。

诗曰：队队耕田象，纷纷耘草禽。

　　　嗣尧登宝位，孝感动天心。

【注释】

①舜：传说中父系氏族社会后期部落联盟领袖。号有虞氏，史称"虞舜"。故事中提到的人物，均见于《尚书·尧典》。

②瞽（gǔ）瞍（sǒu）：舜父。瞽，目盲。瞍，长者之称，亦为虞舜之父瞽瞍的省称。

③嚚（yín）：愚顽，即愚蠢而顽固。

④象：舜弟之名。后文"象"字则指大象。古代黄河流域有大象。

⑤耘：除草。

⑥陶：烧制瓦器。

⑦苦窳（yǔ）：器物粗劣。

⑧怨怼：怨恨，不满。

⑨百揆：古官名，总领百事之长。

【译文】

虞舜，姓姚，名重华，是瞽瞍的儿子。虞舜天生就懂得大孝。他父亲愚钝，继母蠢而顽固，同父异母的弟弟名字叫象，为人傲慢无礼。舜在历山耕田种地，干活时有大象跑来替他拉犁，小鸟飞来帮他播种，这都是被他的孝心感动的缘故。舜在黄河边烧制陶器，所造的器物质量都很好；他到雷泽打鱼，即使遇到大风、雷雨天气也不会迷失方向。虽然竭尽心力与劳苦，却没有怨恨之心。尧听闻舜的至孝，让他总管国家大事，还让自己的九个儿子侍奉他，并将两个女儿嫁给他。经过多年的观察和考验，最后把天下禅让给了舜。

延伸/阅读

很久很久以前，在离九曲十八弯黄河不太远的地方有一户人家，这家只有夫妻二人。丈夫名叫瞽瞍，他老实巴交，但愚笨迟钝；妻子名叫握登，心地善良，秀外慧中，精明能干。

握登十月怀胎，生下了一个小男孩，这个小男孩就是后来的虞舜。父母为他起名为姚重华。他长着浓浓的眉毛、大大的眼睛，活泼可爱，还不足三岁就懂得给疾病缠身的母亲端饭倒水，经常依偎在母亲的怀里，用他丰满而柔软的小手轻轻地抚摸着母亲的脸庞，显得十分亲昵。他的母亲凝视着如此聪明懂事的儿子，心里比喝了蜜还要甜。

然而好景不长，小重华四岁时，他的母亲病逝了。之后不久，他的父亲就续弦了。

　　小重华生性孝顺，尽管是继母，仍把她视为生母一般。可他的继母从一进这个家门，就把小重华视为眼中钉、肉中刺，经常毒打小重华。开始是背着小重华的父亲打，后来是当着他父亲的面毒打。小重华被打得体无完肤，行动都有些不便，可继母还要让他干这干那，一会儿都不让他闲着。

　　继母如此待他，可小重华从来不在父亲的面前说继母的不是，而是反复检讨自己，心里老是在想：自己哪一点做得不好？为什么总是惹得继母不高兴？

　　又过了一年，小重华的继母有了自己亲生的儿子，起名为"象"。继母对她的亲生儿子真是宠爱有加，而对小重华的态度却更加恶劣，手段也非常残忍，非要把他置于死地。当她想到她的亲生儿子因为小重华的存在而不能享有财产继承权时，更是恨得咬牙切齿。

　　但是小重华对父母从不怨恨，依然竭尽全力地孝敬父母，照样端饭送水，嘘寒问暖，没有片刻懈怠。他对弟弟比过去更关心，他觉得这是当哥哥的责任。多替父母分点儿忧，这也是孝敬父母啊！

　　即使这样，小重华的继母仍不放过小重华。她对小重华的父亲说："你那大儿子是咱们家的祸根，除不掉，也必须把他撵得远远的，不要让我看到。否则，这日子就没法过了。"

　　小重华的父亲也有此意，两人一拍即合。

　　翌日清晨，他们把小重华喊来。小重华的继母一脸怒色，对着小重华厉声喝道："从今天开始你就必须离开这个家，到历山（一说在今山东济南东南）给我种地去。假如有一棵草没有锄掉，我就要了你的命！"

　　小重华听完继母的怒斥，在向二老磕过头后，扛着锄头往历山走去。

　　历山地广人稀，几十里内没有人烟，但野兽成群，凶猛异常，一不小心就有可能成为它们的食物。

在这种险恶的环境下，小重华从不担心自己的安危，而是日夜思念自己的父母和弟弟，担忧家里的活没人干，为父母的身体安康与否而担心，为弟弟如何才能走上正道而发愁。

在这里，他对虎豹豺狼虽然避之唯恐不及，但对大象之类的不伤害人类的动物却能善意地对待，相处和谐，关系融洽，连小鸟都在他的善待之列，一群一群地在他的田地上空不停地盘旋。

小重华在历山耕田种地时，大象从山上下来帮忙耕田，小鸟从林间飞来帮助除草。为了防止凶猛残暴的老虎、狮子伤害小重华，猴子在树上瞭望、放哨；为了给小重华消愁解闷儿，百灵鸟飞到树枝上不停地唱歌。

尧帝多年来一直在觅求德才兼备的人来治理天下，大臣们纷纷向他举荐姚重华。尧帝把自己的两个女儿——娥皇、女英嫁给了姚重华，用以考察他对内的德行；又让自己的九个儿子与他相处，用以考察他对外的才干。

重华在农闲的时候，就外出走村串户，了解民俗风情。他得知周围的农户常常因为争夺田界而拳脚相向、邻里不和，更为严重的是部落之间因此发生过多次仇杀。重华用自己尊老爱幼、礼让他人的实际行动感化了当地的人们，他们从此开始谦让起来。

重华在雷泽打鱼时，看到当地年轻力壮的小后生都占着鱼较多的地方，而一些年纪大、身体弱的人却在鱼比较少的地方打鱼。他带头把水深鱼多的地方让给这些老人，而自己却到水浅鱼少的地方打鱼。小后生们见此情形，也都纷纷让出水深鱼多的地方给年老的人。

重华在黄河岸边制陶时，精细选料，严看火候，无私地将技术传授给当地的百姓。一些工匠贪图蝇头小利，偷工减料，制造了粗劣的陶器。重华发现后，严厉地惩罚了这些人，并给百姓们宣讲诚信踏实的大道理。此后，这里制造的陶器没有一个粗制滥造的。

不到一年工夫，这里的社会风气彻底改变了，尊老爱幼、礼让他人已蔚然成风。很多外地人从几百里之外的地方搬到这里居住。

尧帝大喜，于是赏给重华衣裳、琴和牛羊，还替他盖了仓库。

尽管重华为人孝顺又有才能，父母和弟弟三人还是看他横竖不顺眼，想要杀害他。

一次，瞽瞍叫重华去修葺粮仓。正当重华专心致志地往仓顶上抹泥之时，瞽瞍与象趁其不备，将梯子搬了出去，接着在下面纵火烧仓。火借风势，风助火威，粮仓顿时陷入了一片火海，眼看就要倒塌。重华急忙用两顶斗笠遮护住自己的身体，像鸟一样从仓顶跃下，逃过了一劫。

瞽瞍他们一计不成，又生一计，于是又让重华去挖井。重华一边在井下挖土，一边偷偷在井壁上挖了一条从旁而出的暗道。井已经挖得很深了，瞽瞍和象便在上面一齐往井中填土，一大堆泥土"哗啦啦"地砸在重华的身上，重华急忙跑到旁边的暗道里爬了出来。

父母和弟弟都以为重华已死，兴高采烈地回家瓜分他的财产。象称自己是主谋，要带走重华的妻子，也就是尧帝的两个女儿，以及琴和弓箭，将牛羊和仓库留给了父母。

象心满意足地搬到重华的房子里，弹起了重华的琴。

重华毫发未伤地回了家，象大惊失色，旋即装出忧伤的样子，对重华说："哥哥，我想你想得好苦啊！"重华道："是啊，你是应当如此的。"

舜代理朝政二十八年后，尧帝经过对舜的各种考验，认为舜能够担当得起继往开来的大任，实现宏图大业，又因自己年事已高，神思困倦，因而做出了把帝位让给舜的决定。舜多次推让，但尧帝态度非常坚决，一定要把帝位让给他。

舜推让不掉，便接受了重托，开启了舜帝时期。

舜帝果然没有辜负尧帝的重托，执政期间重视教化，推行仁政，关心民生，体察民意。没几年工夫，孝行天下，财源滚滚，百姓富裕，社会安定，一派太平盛世的景象。

因此，他受到了人们的拥戴，成了人们心目中的圣人。

戏彩娱亲

【原文】

［周］老莱子①，楚人。至孝，奉二亲，极其甘脆②。行年七十，言不称老，着五彩斑斓之衣，为婴儿戏舞于亲侧。又尝取水上堂，诈跌卧地，作小儿啼，以娱亲意。

诗曰：戏舞学娇痴，春风动彩衣。

双亲开口笑，喜气满庭闱。

扫码看视频

【注释】

①老莱子：春秋时楚国隐士。相传隐居于蒙山之阳，自耕而食。《史记》载："或曰：老莱子亦楚人也，著书十五篇，言道家之用，与孔子同时云。"

②甘脆：美味。

【译文】

老莱子，春秋时期楚国隐士。他非常孝顺父母，尽拣美味侍奉双亲。年过七十尚不言老，常穿着五色彩衣，如小孩子般在父母身边戏耍，以博父母开怀。有一次，他为双亲送水，假装跌了一跤，躺在地上学小孩子哭，逗二老开心。

延伸/阅读

老莱子，楚国人，春秋时期著名的思想家。他著书立说，传授门徒，宣扬道家思想，是名副其实的学富五车、才高八斗的一代贤人。

老莱子因看不惯尘世间的名利角逐和诸侯争霸，不愿受人官禄，为人所制，而隐居山林。楚惠王十年（公元前479年）发生了"白公胜之乱"，继而陈国南侵。为避乱世，他携家人逃至纪南城北百余里的蒙山之阳，过着垦荒耕种、饮泉水、食杂粮、用树枝架床、以蒲草为垫的艰苦日子。

老莱子对父母特别孝敬，他生怕二老遭难受罪，始终不出门远行，不受聘居官。据说楚惠王很赏识他，欣赏他渊博的知识，看重他高尚的品格，曾亲自登门请他出山，他都婉言谢绝了。

他对楚惠王说："一个人不能在家奉养双亲，只贪高官厚禄，只图自己享受，不是有违人性吗？"

楚惠王无言以对，只好打道回府。

老莱子在蒙山自耕，用辛勤的劳作换回了衣食丰足。他和妻子给双亲做最香甜可口的饭菜，给二老穿质地最精美的衣服，晨夕侍奉，天天问候，使父母心情愉悦，安度晚年。

老莱子不仅自己孝顺父母，还要求儿孙们也必须孝敬，做不到或做得不好的，皆按家规惩处。

有一年天下大旱，几十天滴雨未下，禾苗枯焦，致使颗粒未收。

尽管老莱子辛勤耕耘，子孙们也能勤俭节约，但天旱造成的深重灾难使一家人缺吃少穿，经常处于揭不开锅、不能按时节换衣的困难境地。

为了免除两位老人的忧愁，老莱子想尽办法，尽量在老人面前假装丰衣足食、衣食无忧的样子，也嘱咐儿孙们不要在两位老人面前说出实情。

一般情况下，都是老莱子陪着父母吃饭。老莱子每次都把三碗大米饭端到炕桌上，给老父母各一碗，自己留一碗。其实，他自己吃的那碗大米饭，只有上面那一点点米饭，下面的全部是野菜。一次，他在忙乱中出了纰漏，把一碗本应留给自己的饭错给了老母亲。当他发现时，立马和老母亲换了过来。

老莱子的老母亲虽然是九十多岁的人了，但眼不花，耳不聋，也不糊涂，马上就明白了。她知道儿子的一片孝心，感动得泪流满面，同时也把儿子责备了一番。

他的老母亲情真意切地说："渡过灾荒不是一个人的事情，一家人都要共患难，齐心协力过难关。你每天还要干活，这样长期下去，弄垮了身体，这个家靠谁来撑呢？"

老莱子急忙向老母亲解释，说野菜极富营养，对身体大有益处。说完，他把腰一挺，用力拍了拍胸脯，问母亲他像不像个大小伙子，逗得父母开怀大笑。

自此以后，他再也不敢和老父老母一块儿吃饭了。他急急忙忙地吞完糠、咽完菜后，再给两位老人端饭，且边走边佯装打饱嗝。有时父母让他再吃点儿，他便装作生气的样子，一边跺着脚，一边揉着肚子说："肚皮都快撑破了，还要让人吃，莫非想叫人真的撑死不可！"

老莱子说着躺在父母身边让二老为他揉肚子，还不停地撒娇，逗得父母几乎喷饭。

还有一次，老莱子想给父母亲改善一下伙食。他把家里稍微值钱一点儿的东西拿出去，在街上换回一斤猪肉。

香喷喷的猪肉菜做出来后，老莱子已饥肠辘辘，馋得哈喇子都快要流出来了。他怕父母强迫自己吃，便用猪油在嘴唇上抹了一圈，好似刚刚吃过的样子，之后才端着佳肴送给父母。

老莱子的父母看到他嘴上油乎乎的，又一次相信了他善意的谎言。

经过千磨万难，终于熬到了年关，可过年的新衣服还没有着落。老莱子首先想到的是如何才能给二老做一身新衣服。

老莱子到离家一百多里的一个较大的村庄里，找到一个熟悉的人做担保人，才在一户富裕的人家借到了一匹土粗布。

衣服总算做好了，可好说歹说父母就是不穿。

老莱子的父亲硬要把新衣服给儿子穿，声音颤抖地说："儿啊！你的心意我明白。我一个长年坐在炕头的人，穿啥都一样。你到外面，穿上破衣烂衫，让人笑话。"

老莱子的母亲接着说："莱儿，你爸说得对。给我做的衣服，你拿去给你媳妇穿吧。我一个老太婆有个能穿的就行，你媳妇难免抛头露面，穿得不体面，让人寒碜，也丢咱们家的脸！"

老莱子左说右说，父母始终不应承。子夜将近，老莱子突然穿起色彩斑斓的衣裳、大红大绿的布鞋，又把老虎帽戴在头上，耍着拨浪鼓，给父母唱起了儿歌：

蹦，蹦，蹦高高，

一蹦踩疼了爷爷的脚，

二蹦碰伤了奶奶的腰，

三蹦自个儿脑袋起了个大包包，

……

老莱子的父母听着儿子唱的儿歌，笑得前仰后合，老莱子这才趁机给二老穿上新衣。

别看老莱子是一个七十多岁的老人，可在父母面前，从来不说自己老了，也不许儿孙们说他老了。

老莱子想尽办法让九十多岁的父母快乐地生活，经常扮作顽童，以悦父母之心。

每当父母不高兴时，老莱子就把儿童五色斑斓的衣服和大红鞋穿上，再把花帽子戴上，一手摇着拨浪鼓，戏耍于父母身边，一直把两个老人逗到开怀大笑为止。

有一天，两位老人不知是晚上没有睡好，还是因为天气恶劣，一大早就心情不佳，刚数落完了这个，又责备那个，好像不顺心全是儿孙们造成的。老莱子急忙上前，态度极其温顺地向两位老人检讨，并说些老年人爱听的话。可好话说了千千万，两位老人仍然绷着脸，眉头紧锁，嘴噘得老高。

老莱子眉头一皱，计上心来。他赶紧把儿孙们打发出去，自己换上了五色斑斓的衣裳，戴上了老虎帽，又把大红大绿的布鞋穿上，在两位老人面前蹦了起来。

他一边蹦，一边唱起了儿歌：

身穿花彩衣，

头戴老虎帽，

吓得妖怪掉头跑，

吓得恶魔嗷嗷叫！

老莱子在唱儿歌的同时，还学着凶猛的老虎跳跃的动作，张牙舞爪，大声嘶叫。

二老连理都不理，好像没有看到、听到似的，纹丝不动。

老莱子急中生智，学起老鹰抓小鸡。他先学鸡扑棱着翅膀到处跑，又学大公鸡"喔喔"叫，再学母鸡"咕咕"叫，不一会儿又学起老鹰来，两臂张开，轻轻摆动，像是老鹰扑扇着翅膀，接着他学老鹰从天空俯冲下来，扑跌在地，并喊着："抓到了！抓到了！"

至此才逗得两位老人扑哧一笑。

老莱子深知人越老越容易感到寂寞，也越害怕寂寞。在保证基本生活必需品的前提下，快乐是老年人最大的幸福。

因此，老莱子总是千方百计地消除两位老人的寂寞，不让他们感到一点儿孤单。

一次，十里八乡的人都到离老莱子家仅有二里的一个地方观看射箭比赛。按技艺说，老莱子虽然不敢与百步穿杨的杨由基相比，但在十里八乡也是赫赫有名的了。

老莱子当然是应该参加比赛的最合适的人选，可他去参加比赛，家中只留下双亲，他们肯定会觉得孤独。因此，他放弃了一试身手的良机，留在家中侍奉老人。

其他家人都去观看比赛后，原来你进我出、相对热闹的家里一下子冷清了许多，两位老人的情绪也有了些许变化。

突然间，老莱子挑着两只水桶，要去挑水。回到父母居住的屋子里，他故意跌倒，两桶水洒得一点儿不剩。

两位老人还没有完全反应过来，只见老莱子在地上又打滚，又哭闹，嘴里还不停地大声喊着："爹娘快来呀，孩儿

跌倒啦，动弹不了啦，快来搭救孩儿呀！呜呜呜呜……"

两位老人信以为真，正准备动身下地搀扶儿子。再一看，老莱子早已爬起来，快跑到他们面前了，并哈哈大笑起来。与此同时，双亲突然醒悟过来，也跟着儿子笑了起来。

老莱子的老伴下午回来后，知道了这件事，心里有点儿愧疚，同时又认为老头子太不爱惜自己的身体，做得有点儿过分，便好言相劝。她非常疼惜地对老莱子说："对父母孝顺是天经地义的，但也不能不爱惜自己的身体。为了博得父母的欢心，你在父母面前屡扮童子，故意作态，这么折腾自己，你怎么能受得了呢？要是出个意外，这么大的一个家该怎么办呢？再说你也是白发苍苍的老人了，又是儿孙满堂，应该是老有老相。现在你天天穿五彩衣，儿孙看着别扭，外人知道也会寒碜你一顿……"

老莱子不等老伴说完，就正言厉色道："你这是说的什么话？我就算一百岁也是我父母的儿子。报答父母之恩，从来就不分年龄大小。父母年龄越大，越需要儿女们的关心和照顾。消除老年人的寂寞，免除老年人的孤独之苦，是儿孙们能代替得了的吗？孝敬老人不能有一点儿私心杂念，只有不惜一切，才能回报父母的养育之恩。儿孙们如果不能理解我屡扮童相的苦心，他们就成不了孝子贤孙。说闲话的外人也是不明事理之辈。以后你再也不要说这些话了。"

从此，老莱子的老伴经常教诲儿孙们要以老莱子为楷模，做一个名副其实的孝子。

老莱子的孝名自此之后便很快地在天下传扬开来。

鹿乳奉亲

【原文】

　　［周］郯①子，性至孝。父母年老，俱患双眼②，思食鹿乳。郯子顺承亲意，乃衣鹿皮，去深山，入群鹿中，取鹿乳以供亲。猎者见而欲射之，郯子具以情告，乃免。

　　诗曰：亲老思鹿乳，身挂鹿毛衣。

　　　　　若不高声语，山中带箭归。

【注释】

　　①郯（tán）：姓。

　　②患双眼：为"双眼患"，即两眼有疾。

【译文】

　　郯子非常孝顺。他的父母已年老，都患了眼疾，想喝鹿乳。郯子便顺从双亲的愿望，披上鹿皮进入深山，钻进鹿群中，挤取鹿乳，以供奉双亲。一次取乳时，猎人误以为郯子是一只鹿而欲射杀他，郯子急忙掀起鹿皮现身走出，将挤取鹿乳为双亲医病的实情告诉猎人，这才得以安全出山。

延伸/阅读

　　郯子是春秋时期（东周）郯国人。他出生在一个普通家庭，但他的父母从他很小的时候起就对他进行教育，培养他良好的道德品质和生活习惯。

　　小郯子长到五六岁时，就已经很懂事了。家里的一些活，他尽自己最大努力去干，挑不动一担水，就用小桶往家里拎，扫地之类的活，他全包了，不让父母为此而再受苦受累。吃饭时，他总要把盛在自己碗里的饭菜分给父母一些，吃到半饱时，就放下碗筷，说自己吃饱了，其目的是让到田里干活的父母多吃一点儿。

　　村子里的人都夸小郯子是个孝子。

　　小郯子还是个聪慧的孩子。别看只有五六岁，实际上他比十来岁的少年想的事还要多。他看人家地里的庄稼秆子粗壮，颗粒饱满，就探询其原因，回家就告诉父母；他看到人家喂养家畜、家禽，就向父母提出畜养牲口、喂养家禽的建议。

　　郯子的父母依照小郯子的建议，开始在田里施肥，并挖渠引水浇灌庄稼，再加上精耕细作，庄稼长势十分喜人，产量猛增。院子里家禽、家畜也渐渐多了起来，鸡鸣狗叫，牛羊撒欢，一派醉人的田园风光。

　　小日子逐渐好了起来，小郯子也长大了。

　　郯子并不满足于现状。他读书、学习，不断增长知识，开阔视野，并树立了不仅要改变家境，使父母过上幸福的生活，而且要改变家乡面貌的远大志向。

　　郯子的父母经过长期的劳累，原本健壮的身体现在已变得瘦骨嶙峋，背驼了，腿脚也不灵便了。即便这样，郯子父母仍在不停歇地劳作着。他们想让郯子多腾出一些时间上学读书，以使其夙愿得偿。

谁知天不如人愿，郯子父母不幸患了眼疾，两眼红肿，见风流泪不止，看东西模模糊糊，下地走路都得有人搀扶，否则就有可能跌跤。

两位老人在家养了几天，不仅不见好转，而且还愈来愈严重了。

他们想到眼疾发展下去的可怕后果，不由得哭泣起来。

郯子闻声赶来，听完父母悲痛欲绝的哭诉后，郯子心情十分沉重。作为父母的儿子，不能使父母摆脱痛不欲生的悲苦，不能为双亲消除病痛的折磨，还能算一个有人性的人吗？

他定了定神，紧握着父母长满老茧的手语气坚定地说："父母活着是儿子的幸福，绝不是累赘。你们养我小，我必须养你们老，这是天经地义的。你们二老怎么舍得撇下我，让我一个人孤苦伶仃地活在这个世界上？再说，爹娘的病又不是不治之症，儿子就是上刀山入火海，也要把根除眼疾的药物给你们找来！"

说罢，郯子找到邻居家的一位大叔，向其说明缘由并托其照顾二老后，便急匆匆地、大步流星地上路了。

一路上，郯子跋山涉水，风餐露宿，吃尽了苦头。尽管他见人就询问，逢人便打听，也走了好几百里路，鞋底磨穿了，脚上起泡了，但仍未查访到能治好此病的大夫。

郯子心情沮丧极了，恨不得放声大哭一场。但他想着"天无绝人之路"这句话，就又振作起来。

他沿着一条崎岖的山路急速行走，走到半山腰处，只见云雾缭绕，幻化出各种奇异景观。他却无心欣赏这云海奇观，低头弓腰继续前行。忽然，从云雾的尽头处走来一位老者。这位老者鹤发童颜，背着一个布囊。郯子急忙上前向老者鞠了一躬，并述说了家中父母生病的状况以及他寻找药物的整个过程。

这位老者别看是个采药的，其实学问很渊博，且精通医道，救过不少危重病人，只是隐姓埋名不再行医。今天听了郯子的诉说，他被郯子的一片孝心打动了。

老者告诉郯子，他父母患的这种病并不是药物能够治愈的，只能喝新鲜鹿奶，让他赶紧回家寻找新鲜鹿奶。

郯子顿首谢恩，与老者作别而去。

回到家中，郯子寻了一张小鹿的鹿皮，打算扮成一只小鹿混进鹿群取鹿乳。

第二天，郯子就急着上山了。马陵山上有一泓清泉，这里是鹿经常来饮水的地方。他等呀等，终于看到一群梅花鹿往那一泓清泉走去，郯子披上鹿皮紧随其后，并趁机混在其中。

郯子在这群鹿饮水时，瞅准一头又肥又壮的母鹿慢慢地靠了过去。他伏下身子，用嘴含住母鹿的乳头使劲吮吸，母鹿以为是小鹿在吃奶，也就规规矩矩地站着不动了。郯子趁机拿出准备好的盛放乳汁的器具，两手毫不停歇地挤了起来。

不一会儿，盛放鹿乳的器具就满了，郯子高兴得不得了。

他一边往外爬，一边在心里默默地念叨："二老有救了！"

正当他要站起来的时候，突然发现林中有猎人举箭欲射，郯子连忙站起来，张开两臂向猎人高声呼喊："请不要射箭！我是人，不是鹿！"

郯子随即把鹿皮脱下，再一次对猎人大声说道："我真的是人，为救父母我才装扮成鹿的！"

猎人们细细一端详，发现确实如此。他们立即放下弓，收起箭，慢慢地走到郯子的面前。

郯子惊魂未定，断断续续地向猎人们说了事情的原委。

猎人们听罢，纷纷庆幸没有伤到这位孝子。

郯子十分感谢猎人们手下留情，和猎人们告别后，端着盛乳汁的器具回家了。

郯子的父母自打喝了新鲜鹿乳后，眼疾就一天天好起来了。

一家人又开始在欢乐的气氛中生活。

郯子孝敬父母的言行感染了周围的百姓，大家都以他为榜样，尊老爱幼，团结互助。不久，这里的风气大为改观，生产蒸蒸日上，人们生活富裕，社会一派安乐、祥和。

后来，郯子经过多年努力，成了博古通今的大儒。据说，孔子都向郯子求教，以郯子为师。

鲁昭公十七年（公元前525年），郯子受到鲁昭公的盛情款待。席间，一位鲁国大夫向郯子问起远古帝王少昊氏以鸟名命官之事，郯子当场数典述祖，滔滔不绝。

郯子说完，举座惊愕，众人对他的学识之渊博无不佩服，赞叹不绝。

郯子高尚的德行、出众的才华受到了黎民百姓的拥戴，后来被推荐为郯国的国君。

郯子在执政期间实行仁政，孝行天下，百姓安居乐业，百业兴旺发达。虽区区小国，也令诸侯大国不敢小觑。

由于郯子治国有方，深受百姓拥护，因而威名远扬。在他离开人世后，人们为了纪念他，修建了郯子庙、郯子墓、问官祠。

郯子庙为历代文人墨客所顶礼膜拜，不少游人也前来瞻仰，并留下许多脍炙人口的诗章。

在郯子庙大殿前的石柱上镌刻着一副楹联：

居郯子故墟纵千载犹沾帝德，

近圣人倾盖虽万年如坐春风。

郯子虽与世长辞，但他治国时制定的一些典章制度却都保存了下来，对后世产生了十分深远的影响。

百里负米

【原文】

[周]仲由，字子路，孔子弟子。家贫，食藜藿之食①，为亲负米百里之外。亲没，南游于楚，从车百乘，积粟万钟，累裀②而坐，列鼎而食。乃叹曰："虽欲食藜藿之食，为亲负米，不可得也。"

诗曰：负米供甘旨③，宁忘百里遥。

身荣亲已没，犹念旧劬劳④。

扫码看视频

【注释】

①藜藿（huò）之食：指粗劣的饭菜。藜藿，藜是一种野菜，也叫灰菜，藿是豆类植物的叶子。

②裀（yīn）：通"茵"，指褥垫。

③甘旨：美味的食物。

④劬（qú）劳：劳累，辛劳。

【译文】

仲由，字子路，是孔子的得意弟子。早年家中贫穷，仲由常常采野菜做饭食，曾从百里之外背米回家侍奉双亲。父母死后，他曾奉命出使楚国，随从的车马有百乘之众，所积的粮食有万钟之多，坐在垒叠的锦褥上，吃着丰盛的筵席。他感叹道："即使我想吃野菜，为父母亲去背米，现在也做不到了。"

延伸/阅读

仲由，字子路，是孔子最得意的门生，位于孔子三千弟子中的"七十二贤人"之列。

子路小时候家境贫寒，遇到荒年，常常以野菜充饥，所以子路总是一脸菜色，瘦骨嶙峋，日子过得很是艰难。居家过日子，最难的是无米下锅。穿的相对好凑合，缝一缝补一补，倒也能过得去。可一旦没有吃的粮食，仅靠挖点儿野菜、摘些树叶充饥，时间长了，身体强壮的人也扛不住。

子路的父母亲积劳成疾，特别是有严重的胃病，疼起来满炕打滚，豆大的汗珠直往下掉。这种情况下，吞糠咽菜，无疑会使病痛加剧。

病在父母身上，却疼在子路心里。他想，还是尽量让父母吃上一些米，这样父母就能少受一些罪。

于是子路想尽一切办法干活，省吃俭用，不辞劳苦地走到百里之外买米回来给父母吃。

他一路翻山越岭，路上渴了，找个水井灌上一肚子凉水；饿了，找点儿野菜吃上几口。子路心里只想着父母在忍受病痛，而早已把自己受的苦累抛到脑后了。

走了一天一夜，子路终于在东方露出鱼肚白的时候，来到了这个远在百里之外的集市，等了许久，才终于换上了一袋大米。

他想到家中父母还等着吃，背上大米就急急忙忙往回赶。

刚开始时，出气还很匀，不一会儿，他就气喘吁吁，脚也抬不起来，全身上下直冒汗。

到烈日当头的时候，子路又饿又渴，身上一点儿力气都没有了，几乎是一步一步地挪着走，走到一片树林中，他就晕倒了。过了约莫半个时辰，他才渐渐醒了过来。

又走了一阵，突然狂风大作，卷起来的尘土让人睁不开眼，子路只好闭上眼睛凭着感觉走。一块大石头把他绊得跌了一跤，摔得鼻青脸肿，全身疼痛。

子路艰难地爬起来，差点儿连步子也迈不开了，他只能强忍着疼痛继续前行。

老人们常说：风是雨的头儿。狂风刚刚停息，暴雨就接踵而至。瓢泼大雨劈头盖脸地浇下来，身上的大米不知一下子重了多少，几乎把子路压得趴在地上。

道路十分泥泞，子路深一脚浅一脚地走着，他根本记不清跌了多少跤。

好不容易挨到雨过天晴，可他已筋疲力尽，一步也挪不动了，本想歇息一会儿，但一想到父母还在急切地盼着他回去时，似乎又来了点儿精神，背上的大米好像也轻了一些，他便加快脚步往前猛冲。

夕阳西下，轻烟缭绕。子路来到乱石岗前，乱石岗周围有一片大森林，森林里常有野兽出没，听老人们说不少人在这里丢了性命。子路心里嘀咕着：千万不要碰上。

俗话说：怕什么来什么。刚进林子，一条大灰狼突然出现在子路的面前。

这条狼肚子瘪瘪的，显然是条饿狼。子路急忙放下大米袋，琢磨如何应对。

一眨眼工夫，这条饿狼就向子路扑了过去，子路急忙躲闪，使饿狼扑了个空。子路忽然想起老人们说过的打狼办法，他趁饿狼还没有转过身的机会，捡起一根干枯、粗大的松树枝条。

饿狼又一次扑向子路。子路按照老人们说的办法，抡起松树枝条向饿狼的前腿砸去。只听一声惨烈的嚎叫，饿狼夹着尾巴瘸着腿落荒而逃。

打跑了饿狼，子路浑身瘫软，险些跌倒。可在这还未脱离危险的关头，松劲泄气就有可能再次面临险境，于是他立马背上大米，继续艰难地前行。

虽然离家只有二十多里，但子路约莫又走了三个多时辰，才汗水淋漓地连走带爬地回到了家中。

卸下大米，子路仅仅歇息了一阵，就给父母做大米饭。

父母看着子路衣服上留下的一片片汗渍，看着子路青一块、紫一块的脸庞，手中虽然端着一碗白花花的大米饭，却一口也吃不下去，只是相对嘘叹。

就这样，子路不畏艰苦，一年四季坚持往返于两地之间，为父母背回大米。

子路的父母自打吃上了大米饭，胃病渐渐地好了起来，人也有精神了，身子骨也硬朗了。

人们听说了子路为父母从百里之外背回大米的事，都夸他是个大孝子。

后来，在孔子的谆谆教诲下，子路收敛了亢直鲁莽的性子，认真学习，积极进取，参与政事，成了孔子弟子中的佼佼者。

待父母相继寿终正寝后，子路守够了孝期，便随着孔子周游列国。子路博识多闻，孝名远扬。周游列国时，他所到之处，无不受到热烈的欢迎，多国争相聘他做宰相。

子路在楚国做高官时，虽然出有百乘之车，进有僮仆使唤，穿的是绫罗绸缎，吃的是美味佳肴，喝的是玉液琼浆，坐的是绵软垫子，但他并没有欣喜若狂，而是常常思念早逝的父母而不禁潸然泪下。

在宫中，当处理完政事时，子路总是暗自悲叹道："我现在是富贵一时了，可谓要风有风，要雨有雨，但我却不能承欢膝下。我多么怀念和父母在一起吃野菜、树叶，却乐在其中的日子，多么想再为他们到百里之外背大米，可现在一切都是不可能的了！"

一想到未能让父母过上一天幸福的日子，子路就心如刀绞，万般痛苦。因此他在做官期间，就把孝敬父母的一片孝心变为孝敬天下人的父母的实际行动，推行仁政，提倡孝道，使国家到处呈现出一派长幼有序、家庭和睦、人民富裕、国家强盛的兴旺景象。

子路是处处护卫孔子、一向被孔子夸赞的好学生，是一位"愿车马轻裘与朋友共之而无憾"的重友情、讲义气、古道热肠的君子，更是一位殉道尽忠、舍生取义的"卫士"。

子路死后，还一直受到人们的尊崇。唐开元二十七年被追封为"卫侯"，北宋大中祥符二年，加封为"河内侯"，南宋咸淳三年封为"卫公"，明嘉靖九年改称为"先贤仲子"。

啮①指心痛

【原文】

　　[周]曾参，字子舆，孔子弟子，事母至孝。参尝采薪②山中，家有客至，母无措③，望参不还，乃啮其指。参忽心痛，负薪以归，跪问其故，母曰："有急客至，吾啮指以悟④汝尔。"

　　诗曰：母指才方啮，儿心痛不禁。

　　　　　负薪归未晚，骨肉至情深。

【注释】

　　①啮（niè）：咬。

　　②采薪：砍柴。

　　③无措：不知如何是好。

　　④悟：提醒。

【译文】

　　曾参，字子舆，是孔子的弟子，非常孝顺母亲。有一次，曾参在山里砍柴，家里有客人来，曾母不知如何是好，见曾参还没回来，情急之下不由得咬了咬自己的指头。在山里砍柴的曾参忽然觉得心痛，便赶紧背着柴回去，跪下问母亲原因，曾母道："家里突然有客人来，我急得咬指头，想提醒你赶紧回家。"

延伸/阅读

曾参，字子舆，春秋末鲁国南武城（一说为今山东嘉祥南，一说为今山东平邑南）人，与其父曾点同为孔子的学生。

曾参出生后，家道中落，一家人只能过着"三日不举火，十年不制衣"的清贫生活。

但曾参从小就勤奋、好学，又特别懂事。别看他小小年纪，到地里干活一天不误，生怕母亲累出毛病；回到家里，不是收拾家，就是扫院子，尽量减轻母亲的负担。夜深了，他还要在昏暗的灯光下陪着母亲说说话，才去睡觉；晨曦微露，他就起身给母亲烧热水，供母亲洗漱之用。

曾参时时处处心疼母亲，凡是自己能干的活，他绝不让母亲去干，即使是他力所不及的，他也不会袖手旁观，总是想办法尽力帮忙。家里烧的柴火没有了，他就主动拿上斧头上山砍柴。

一天，曾参又一个人上山砍柴。母亲站在门口望着渐行渐远的曾参，直到望不见人影才转身回家。

过了一会儿，家里来了客人。曾母有礼有节地给客人端茶递水，相互问候了一番，就急忙去厨房给客人准备饭菜。

到厨房一看，曾母傻眼了：米袋里仅剩一两把米，油瓶盐罐空空如也，煮饭的柴火也寥寥无几，恐怕都不够做一顿饭。

曾母在厨房里急得走来走去，寻思着怎样才能不怠慢客人，又不让外人笑话。思来想去，曾母还是一筹莫展。

突然，曾母想到了儿子，心想：要是儿子在跟前，或许不至于如此尴尬，能替我想出些办法来。

曾母情急之下，不由自主地咬了咬自己的指头，盼望儿子赶快回来，帮她扭转这尴尬的局面。

曾参来到山上，进入茂密的丛林。他脱掉外面的衣服，挥着斧头一刻不停地砍柴，不一会儿，已大汗淋漓，衣服都湿透了。

当他正打算稍微歇息一会儿时，眼前突然浮现出母亲倚闾而望的身影。曾参立即打消了歇息的念头，又挥舞起斧头加劲砍了起来。

正当他砍柴砍得特别起劲的时候，心一下子疼了起来，且疼得非常突兀。他觉得十分蹊跷，平时从来没有发生过这样的事。他忽然想到了母亲，心想：很可能是老母想念我，让我回家。

曾参再未犹豫，三下五除二地把砍下的柴火捆绑好，立即大步流星地往家里赶。

一进院子，还未来得及放下柴捆，曾参就跪在地上急切地向母亲问道："娘，是不是家里有事了？"

曾母看到曾参汗流满面的样子，心疼地先让儿子卸下柴火，之后又向他说了事情的原委。

曾参这才放下心来，知道母亲为客人的事非常焦急，就站起来赶快去招待客人。

从此，曾参更加孝顺父母了。他事亲至孝，每天五次问候父母亲着衣的厚薄，还要询问枕头的高低、睡得是否舒服，生怕父母受苦受累。谁要是侍奉得不周到，曾参绝不宽恕。

由于曾参性格沉静，忠诚老实，谦恭勤敏，轻利重义，又有大丈夫之勇，因而深受孔子喜爱。

在孔子的悉心教授下，加上自己勤奋刻苦，严格修身，曾参很快就学有所成，一时间名声大噪。

当时的各个国家纷纷派出使臣前来游说，并用高官厚禄引诱。齐国迎以相，楚国迎以令尹，晋国迎以上卿，同时馈以重金。

曾参都一一婉辞回绝。他对使臣说："请代我向国君禀报，我无法遵命。老父、老母已风烛残年，就是尽力侍奉也来日不多了。我实在不忍抛下父母去为国君效力，还请你们替我多加解释。"

曾参说罢，又请使臣把带来的金银珠宝一并带走。他表示这样的礼物坚决不能接受。

从此以后，凡持厚礼来的客人曾参一概不见，只在家悉心侍奉老人，从不在外过夜。

后来，曾参的父母相继离开人世。守丧期间，曾参哭得十分悲切，竟多日滴水未沾，一口不吃。

曾参在父母生前精心侍奉，在父母死后依然奉行孝道，连亡灵都怕伤害。他父亲生平喜欢吃羊枣，在父亲去世之后，曾参再没有吃过羊枣。

曾参虽然跟随孔子学习比其他同门晚，但得道较早，其思想对思孟学派有重大影响。《大戴礼记》记载有他的言行，相传《大学》为他所著，可以说他是孔门弟子中著述较多的一个。曾参晚年在家乡教书授徒，弟子达七十多人。其弟子中出了许多著名的人物，如乐正子春、公明仪、公孟子高、子襄、阳肤等人。春秋时著名的将领吴起，也是曾参的学生。

曾参所产生的影响是深远的，其上承孔子道统，下开思孟学派，在儒经传授上有重要地位。他被后世尊为"宗圣"，成为配享孔庙的四配之一。

芦衣顺母

【原文】

　　［周］闵损，字子骞，孔子弟子。早丧母，父娶后母，生二子，衣以棉絮；妒损，衣以芦花。父令损御车，体寒，失靷[1]。父察知故，欲出[2]后母。损曰："母在，一子寒；母去，三子单。"母闻，悔改。

　　诗曰：闵氏有贤郎，何曾怨晚娘。

　　父前留母在，三子免风霜。

【注释】

　　[1]失靷（yǐn）：牵牛马的绳子从手中掉下。

　　[2]出：离弃，休弃。

【译文】

　　闵损，字子骞，是孔子的弟子。他生母早死，父亲娶了后妻，又生了两个儿子。继母经常虐待他，冬天，她给两个弟弟穿用棉花做的冬衣，却因妒忌闵损而给他穿用芦花做的

并不保暖的衣裳。一天，父亲出门，让闵损赶车，闵损因寒冷体僵，将拉车的绳子掉落地上。父亲知道真相后，要休逐后妻。闵损劝父亲说："母亲在时，只是我一个人受冷；休了母亲，三个孩子都要挨冻。"继母听到后，感动悔悟，从此待他如亲子。

延伸/阅读

闵损，字子骞，春秋时期鲁国人，孔门七十二弟子之一，以德行著称。

闵子骞小时候，一场灾难突然降临到了他们家中，向来康健的母亲一下子得了大病。

母亲从此卧床不起。闵子骞在母亲的教育下，从小就对长辈特别孝顺，而且还格外懂事。在母亲病重期间，他不时地给母亲端水、喂水，还学狗叫、老虎跳，想着法子让母亲开心。母亲吐痰，他就拿来痰盂；母亲咳嗽，他就跑来捶背。

闵子骞母亲的病一天比一天严重，整日咳嗽不止，嘴唇发紫，常常是有上气无下气。没过几天，就撇下父子俩撒手西归了。

小子骞闻知，回到家中伏在母亲身上号啕痛哭，怎么拉都拉不起来。闻者无不伤心落泪。

小子骞每天都在思念母亲，但他心里始终记着母亲弥留之际嘱咐过的话，从不敢在父亲面前哭泣，实在想得难以忍受的话，就到角落里哭上一顿。

每当夜深人静的时候，总是丈夫思妻、儿念母，泪眼相对。父子俩艰难度日，相依为命。

斗转星移，光阴荏苒，转眼就是两年。小子骞也长大了，该上学堂了。

小子骞的父亲犯了愁，他心里念叨着："儿子要是上学，无人照管该怎么办呢？总不能老是留给邻居家吧！"

村里的好心人见小子骞的父亲过着又当爹又当娘、顾了家里顾不了家外的艰难日子，就常常给他说亲。

开始，小子骞的父亲都婉言谢绝了，后来思来想去，觉得这样下去对小子骞的成长有影响，于是就决定续弦。

小子骞的父亲没有忘记妻子临咽气时说过的话，因此媒人来提亲时，他都叮嘱："我别的条件和要求都没有，唯一的一个条件，是她必须对子骞好！"

按照女方父母的允诺，小子骞的父亲就把李氏娶进了家门。谁能想到，这位李氏竟是一个人面兽心的女人。

开始，她虽然并不亲近小子骞，但也不算苛待，并不经常打骂小子骞。但自从她有了亲生儿子后，态度就和从前不一样了。

小子骞的继母看自己的两个亲儿子样样好，常常把这个搂在身边，把那个抱在怀里，一会儿亲这个一口，一会儿又吻那个一下；对小子骞则是横眉冷对，怒目相视，不是打，就是骂，如同仇敌。

小子骞的父亲不知就里，有时候问一问小子骞，小子骞总是说："继母对我挺好的。"

小子骞的父亲听了儿子的话，就信以为真了，并由衷地感激妻子。

世上没有不透风的墙，纸里永远包不住火。继母虐待小子骞的事终于败露了。

一天，乌云密布，北风呼啸，天气格外寒冷。不一会儿，大雪纷飞，原野变成了银色世界。小子骞兄弟三人和父亲一同冒着刺骨的寒风，顶着鹅毛大雪赶路。

小子骞的父亲让小子骞驾车。阵阵寒风吹过，小子骞冻得直打哆嗦，马的缰绳从冻僵的手里滑落，掉在地上。拉车的马踩到了缰绳，趔趄了几下，差点儿跌倒。

坐在车上的父子几人前俯后仰，滚在一起。

小子骞的父亲一下子怒不可遏，扬起马鞭，狠劲地抽打小子骞，一边抽打一边还呵斥道："真是个没用的东西！硬是让你继母给惯坏了，连个车也驾不了，还能有什么出息！"

几鞭子打下去，小子骞的上衣有几处就像用刀拉开的口子，花絮马上飘了出来。

小子骞的父亲定睛一看，大吃一惊，差点儿跌倒，原来小子骞的棉衣里装的竟是不能保暖的芦花絮，没有一个人会用它来做棉衣。这么冷的天，再穿上这样的衣服，怎么能不冻得全身颤抖呢？他又检查了后妻所生的两个儿子身上的棉衣裳，发现里面填满了厚实的棉絮。

他二话没说，把小子骞搂在怀里，怒气冲冲地驱车回家。到家后，小子骞的父亲就质问小子骞的继母："子骞的棉衣里放的是什么东西？"

小子骞的继母一看事情败露，索性撒起泼来，哭诉她如何为这个家省吃俭用，一箩筐两簸箕地说个没完没了。

小子骞的父亲着实气恼，看见妻子毫无认错之意，就提起笔来写了一张休书。

小子骞看到父亲写休书，急忙向父亲跪下，两个弟弟也跟着跪了下来，请求父亲原谅母亲。

小子骞的父亲阴沉着脸，怒气未消，态度一点儿也没有转变。

小子骞长跪不起，哭泣着对父亲说："今天是一个儿子受冻，假如母亲离开这个家，我们三个儿子不是都要受冻了吗？父亲就宽宥母亲吧，她肯定会改！"

小子骞的父亲听完儿子求情的话，觉得儿子说得也有道理，就有点儿犹豫了。

李氏看见小子骞不仅不记恨她，而且还为她向丈夫苦苦哀求，长跪不起，大受感动。她为她的劣迹感到羞惭，觉得无地自容。

既然能知错，也有可能改错，小子骞的父亲也就原谅了李氏。

李氏哭着抱住了小子骞，且哭且说："真是娘的好儿子啊，是你给了娘第二次生命！要不娘就只有死路一条！被休后有何面目回去见自己的爹娘呢？"

从此以后，李氏对待小子骞如同亲生儿子一般。小子骞更加孝顺父母，关爱弟弟，一家人的日子过得和和美美。

闵子骞从师孔子后，学业大有长进，孝行美德也传扬开来，闻名天下。

他过世后，历代统治者对他仍颇为推崇，屡有追封。唐开元年间追封他为"费侯"，宋朝时赠为"琅琊公"，后又改称为"费公"。

亲尝汤药

【原文】

〔前汉〕文帝①，名恒，高祖第三子。初封代王，生母薄太后，帝奉养无怠。母病三年，帝为之目不交睫②，衣不解带，汤药非口亲尝弗进。仁孝闻于天下。

诗曰：仁孝临天下，巍巍冠百王。

汉庭事贤母，汤药必亲尝。

【注释】

①文帝：汉文帝刘恒（前202—前157）。公元前180—前157年在位。文帝生活俭朴，重视农耕，减免田租、赋役和刑狱，主张清静无为，与民休息。历史上将其与儿子景帝统治时期并举，称为"文景之治"。

②目不交睫：眼睫毛没有交合，即未合眼。形容思绪不宁而无法入睡。

【译文】

汉文帝刘恒，汉高祖第三子。早年被封为代王，对于生母薄太后，他恭敬侍奉，从不懈怠。母亲卧病三年，他常常目不交睫，衣不解带，对于母亲所服的汤药，他必定亲口尝过，才让母亲服用。文帝的仁孝德行闻名于天下。

延伸/阅读

公元前180年，汉文帝即位后，每逢上朝，文帝总是先到母亲薄太后那儿请安，从未改变。散朝后也总是先到母亲那儿，除问候外，就是守在母亲身旁一直侍奉。到了晚上，又总是给母亲捶背、洗脚，还要陪母亲说一会儿话，一直侍

奉到母亲就寝歇息后，他才一步三回头地离去。

母亲看到汉文帝日渐消瘦，心疼不已。一次，她紧紧拉着文帝的手说："儿啊，你每天忙国家的事，怕是都忙不过来。国家的事可是大事，耽误不得。娘这里有宫女侍候，你就放心好了。有空的话，每天来看一看，忙的话，三天五天来一回就行了。比起国家的事来，这终究是小事！"

文帝又把身体向母亲身边靠拢了一下，然后亲切地对母亲说："国家的事是大事，尽孝心也是大事。天子要是不能恪守孝道，破坏了规矩，那他怎么能教化民众呢？再说，您生我养我的大恩大德，就是我不管国家的事，成天报答，也还是报答不完，要是您不让我这样做，我活着愧对天下黎民，死了也愧对列祖列宗，您难道要我背上这样的恶名吗？"

母亲听了这番话，心中涌起一股幸福的热流。

尽管身边有宫女侍候，还有儿子的百般体贴，但由于过去受到的身心摧残过于严重，加上年事已高，抵抗力日益衰减，回到宫中时间不长，薄太后就病倒了。

　　文帝看着母亲苍老的面容，以及神思困倦的病态，心中痛苦万分，心里嘀咕道："苍天要是有眼的话，就把老母亲的病转移到我的身上吧，有什么苦难都让我来承受！"

　　文帝私下为母亲默默地祈祷。

　　几天后，薄太后病情依然不见好转。文帝就整天在母亲身边侍奉，一会儿问问腿疼不疼，一会儿又问问背痒不痒，只要母亲感到不舒服，就立即派人把太医招来，给母亲诊治。

　　太医开过药后，文帝把原来煎药的人支出去，自己亲自煎，不让别人插手。他按照太医告诉他的煎法一丝不苟地煎着，水放得不多不少，时辰上也几乎一点儿不差。

　　待到母亲喝药时，文帝每次都是自己先尝，做到既不热也不凉，绝不让母亲喝烫嘴的或冰凉的汤药，稍有一点儿不合要求，他立马重新做。

　　母亲的病时好时坏，很不稳定，因此文帝经常守在病榻旁。

　　这一守，就是三年。三年里，他没有睡过一个安稳、踏实的觉。母亲哪个地方不舒服，他都清楚，母亲夜间翻过几次身，他都知道。

　　皇天不负苦心人，不知是文帝用孝心感动了上苍，还是太医们的医术高明，总之经过文帝三年没日没夜的侍候和调理，太后的病奇迹般地好了。

　　太后对宫女们感慨地说："有这样一个儿子，我这一辈子就知足了！哪一天走了，也没有什么可遗憾的！"

　　汉文帝为母治病、亲尝汤药的事迹，不久就传遍了天下，也震动了朝野。

　　无论是朝廷官员，还是普通百姓，都纷纷效仿汉文帝，孝顺父母，爱护亲友，社会风气一下子得到扭转，恪守孝道、善待他人成了社会潮流，出现了上下齐心合力、邻里团结和睦、百姓安居乐业、社会经济繁荣的新气象。

文帝即位以后，除了推行仁政，还十分重视克己修身，改善民生。

文帝在生活方面崇尚俭约，反对奢侈。他在位二十三年，"宫室苑囿车骑服御无所增益"。他本打算建造一个露台，令工匠计算后，得知修建费用约需百金，文帝觉得花费太大，对属下说："百金，中人十家之产也。"

如此巨大的耗费，又不会给民众带来任何益处，只能加重百姓负担。文帝掂量来掂量去，认为此举有百害而无一利，便作罢。

文帝生活节俭，据说他穿的一件袍子，整整穿了二十年，补了又补，也没有添置新的。

他宠幸的慎夫人生活也很俭朴，"衣不曳地，帷帐无文绣"。

就连为自己修造陵墓，文帝也要求从简，"治霸陵，皆瓦器，不得以金银铜锡为饰"。

文帝在临终前，针对当时社会上盛行的厚葬风气，特下口谕薄葬。可谓为扭转社会不良风气竭尽全力，至死不渝。

汉文帝在位期间，用自己的嘉言懿行感动了朝中官员，教化了天下百姓，从而使官员尽忠，百姓尽力，有力地推进国富民强的远大目标的实现。

历史上把文帝时期和景帝时期并称为"文景之治"，既是对文帝政绩的赞誉，也是对他推行仁孝的充分肯定。

拾葚供亲

【原文】

[汉] 蔡顺，字君仲，少孤，事母至孝。遭王莽①乱，岁荒不给②，拾桑葚，以异器③盛之。赤眉贼④见而问曰："何异乎？"顺曰："黑者奉母，赤者自食。"贼悯其孝，以白米三斗、牛蹄一只赠之。

诗曰：黑葚奉萱帏⑤，啼饥泪满衣。

赤眉知孝顺，牛米赠君归。

【注释】

①王莽（前45—23）：西汉末年外戚，平帝时为大司马，平帝死后立"孺子"刘婴，王莽摄政，不久篡汉，改国号"新"。王莽新朝，托古改制，令土地改称王田，禁止买卖，又屡改币制，引起经济混乱，法令严苛残酷，轻罪亦处死，连年征战，民不聊生，终被绿林起义军杀死。

②不给（jǐ）：指粮食不足。

③异器：不同的容器。

④赤眉贼：王莽天凤五年（公元18年），琅琊（郡治在今山东诸城）人樊崇乘饥荒严重之时，率领饥民在莒县（今属山东）起义，聚众数万人，均将眉毛涂成赤色作为标志，称"赤眉军"。"贼"是封建统治者对起义农民的蔑称。从本文看，"贼"同情并尊敬孝子，作风较淳朴。

⑤萱帏：指母亲的居室，这里指母亲。也说萱堂。古代常以椿萱代指父母。萱，萱草，古人认为可使人忘忧的一种草。

【译文】

蔡顺是后汉人，字君仲，少年丧父，非常孝顺母亲。时逢王莽之乱，又值饥荒，粮食不足，蔡顺就拾桑葚以供养母亲，并用两个筐子盛着。一天，蔡顺遇见了赤眉军，对方问他："两个筐子里的桑葚有什么区别吗？"蔡顺回答说："黑的熟桑葚是给母亲吃的，红的桑葚是我自己吃的。"赤眉军被他的孝心感动，送给他白米三斗、牛蹄一只。

延伸/阅读

蔡顺是汝南（今河南一带）东庄蔡岭人，祖祖辈辈都以种地为生，日子过得十分艰难。

父亲为人厚道，也能吃苦，是一个种地的能手。母亲也是穷苦人家出身，无论耕田种地，还是洗衣做饭，她都样样精通，再加上心眼好，知冷知热，也是父亲的一个好帮手。

但由于体力透支太多，父亲最终积劳成疾，病倒了。

父亲的病情一天一天地恶化，虚汗不止，夜间还经常盗汗，呼吸困难，咳嗽不止，吐出来的痰中带着大块大块的黑紫色血块，脸色惨白，眼睛呆滞。他自己也知道性命难保，就背着蔡顺向妻子交代了后事。

几乎是刚把后事交代完，蔡顺的父亲就停止了呼吸。

蔡顺和母亲放声痛哭，边擦泪边哭诉，闻者无不涕泪横流。

家中分文没有，母子俩东借西凑，草草地把父亲掩埋了。

家中的"顶梁柱"突然间没了，剩下孤儿寡母，无依无靠，日子更苦，更难熬。

蔡顺年纪不大，但自小性格坚强，被别的孩子们打了，从来不在他人面前掉泪。他看母亲神情抑郁，恍恍惚惚，心里别提有多着急了。为了安慰母亲，他充作大人似的对母亲说："天无绝人之路，娘不用愁。只要我能弄来一口饭，那就是娘的，我一定会想尽办法不让娘挨饿。"

天不遂人愿。接着连旱三年，周围一二百里的人，投亲的投亲，靠友的靠友，都离开当地另谋生路去了。

蔡顺和母亲既无亲可投，又无友可靠，眼看着活不下去了，母亲只好带着蔡顺到几百里地之外讨饭。

白天，母子俩就沿村乞讨；夜晚就住在破庙里或人家的院墙背风处，如若走到前不着村、后不着店的地方，就以地为床，以天当被，在荒郊野外露宿。

乞讨时，遭人冷眼那是常事。遇上好心人，还能既给饭吃又让到家里喝口水，暖和暖和；遇到心肠不太好的人，除了不给吃，还要羞辱你一番。还有更不堪忍受的，就是那些地主老财，不仅一点儿不给，还要放出凶猛无比的家犬咬他们。母子俩被恶狗咬伤不下十来次。

母子俩为讨到一口饭，得吃那常人没有吃过的苦，忍那常人无法忍受的痛。夏天，顶着如火的骄阳走；冬天，迎着刺骨的寒风行。手，冻得流脓淌血；脚，磨起串串大泡。一步一摇，两步一晃，艰难前行。

蔡顺母亲年岁大了，身体状况每况愈下。蔡顺时常担心母亲会吃不消而病倒。

屋漏偏逢连夜雨，蔡顺最担心的事情还是发生了：有一天他们住在破庙里，母亲突然发起高烧来，身上热得烫手，讨饭时携带的所有破烂行李都盖到了身上，还是一个劲地喊冷。

蔡顺看着母亲痛苦的样子，急得团团转。

过了一会儿，母亲开始说起胡话来了，一会儿喊神来了，一会儿喊鬼来了。蔡顺本就还是个孩子，从来没有见过这种情况，小时候听大人们讲到有关鬼的故事就吓得魂不附体，如今听见母亲这样喊叫，越发害怕，吓得瑟瑟发抖，不敢挪动一步。

等他稍微镇定了一点儿，跑过去看母亲的时候，发现母亲已昏厥过去了，连微弱的呼吸声也听不到了。

蔡顺一下子傻了。

他猛然记起老人们掐人中的办法，急忙跪下掐住母亲的人中。停了一会儿，母亲长长地出了一口气，才苏醒过来。

但高烧依然不退，母亲还是处在一阵昏迷、一阵清醒的状态。

离这个破庙大约十来里的地方，有一个村庄。他连夜跑到那个村子里，好不容易敲开一个人家的门，向那家里的老人说明情况，恳求他们救一救他可怜的母亲。

那位老人慈眉善目，听了蔡顺说的情况，判定病人已经处于危急状态，必须赶快救治，否则性命不保。他把老伴喊起来，并让老伴赶快煮一小盆姜汤，叮嘱里面再放一点儿辣椒。

按照老人家的嘱咐，蔡顺回到破庙里把姜汤热了热，便趁热喂给母亲喝。

在蔡顺的精心护理下，母亲的病一天比一天好转，半个月后才康复。但由于多日高烧不退，耳膜穿孔，母亲近乎聋了，成了残疾之人。

之后，他们又讨了一年多饭，待旱情缓解后，才辗转回到了阔别五年的家乡。

蔡顺和母亲回到家乡的时候，已经是开始播种的季节。

母子俩急忙拾掇家里那些残破的农具，要抓紧时间把种子播下去。误了农时，无异于坐等挨饿。

每天，村里的人还在酣睡的时候，母子俩已经下地开始劳作了。晚上夕阳落山的时候，他们才从地头往家里走。

皇天不负苦心人。一年下来，收成还算不错。刨去上缴赋税，也还有足够两个人吃一年的粮食。母亲紧皱的眉头舒展开了，脸上时不时也能露出笑容，尽管两鬓已经斑白了，但看上去还是比前几年年轻了一些。

这样的日子又过了一些年，蔡顺已经是二十好几的人了，到了谈婚论嫁的年龄。母亲心里急得就像着了火一样，可蔡顺却并不着急。一有人来提亲，母亲就催促儿子去看一看。开始儿子也不说什么，只是不去见面。说的次数多了，蔡顺开口了。他坐在母亲的面前，态度极其温顺地对母亲说："娘，从年龄上说，我是该娶个媳妇了。但从咱家的条件说，显然还不行。再说现在局势动荡不安，兵荒马乱，流寇横行，盗贼霸道，随时都有生命危险，还能顾得了成家的事吗？我只想让你平平安安过日子，生活得更好一些，别的事我想也不想。"

母亲看儿子的态度这样坚决，自此不再提这档子事了。

刚过了两年相对顺心的日子，让人闹心的事又来了。

又遇上了荒年。地里不仅没有收成，大旱之年后连草都枯死了。粮食吃完了，就只得挖些野菜、采摘些树叶来充饥。

眼看母亲一天比一天消瘦，身子一天比一天单薄，蔡顺的心在滴血。要是再不想个办法，那老母亲说不定就扛不过去了。

蔡顺打算到深山老林里采集果实。他把母亲安顿好后，就拎着竹篮，拿着竹竿、铲子向目的地进发。

到深山老林一看，不仅野菜多，而且还有一大片桑树林，上面挂满桑葚，地上还落下了许多饱满硕大的桑葚，蔡顺高兴坏了，在荒时暴月能吃上这东西，就算烧高香了。他拼命地捡啊捡，不一会儿就捡了一大竹篮。捡回家让母亲吃，母亲吃后，不住地说："真香，真好吃！"

多日来，每当母亲吃桑葚的时候，蔡顺总是守候在母亲的身边，看着母亲津津有味地吃着，他心中涌出无限酸楚。

蔡顺心中想着："一个七尺男儿，竟然不能供养母亲，每天只给她吃些野菜、野果，有何面目活在这世上？而母亲是多么体贴儿子啊，从不让儿子为难。多伟大的母亲啊！"

不过，他也发现，母亲吃的时候专挑黑桑葚吃，而把白桑葚放在另一边。

他问明母亲缘由后，出去捡时，先捡黑桑葚，把它放在一个竹篮里，然后再捡白桑葚，再放在另一个竹篮里。

这样做，自己捡的时候是麻烦一点儿，而且捡得慢，但可以给母亲省却不少麻烦。他心甘情愿这样做，做的时候也特别高兴。

蔡顺见旱情没有好转，只好依旧到深山老林捡野果。

一天，正当他蹲下捡桑葚的时候，从山上跑来一大队人马，紧紧地把他包围起来。一个看样子像个小头目的人下马大声地问他道："你这个竹篮里是什么东西？黑的和白的为什么要分别装在两个篮子里？"

蔡顺虽然不曾见过这样的阵势，但他一个顺民，又没有做过什么亏心事，因此也不怎么惧怕，就如实地说，因荒年之故，家中无粮，只得到深山老林捡些野果、挖些野菜，以供年迈耳聋的母亲充饥，并向他们解释了黑白桑葚分别装在两个竹篮的原因，然后跪下向那个像小头目的人哀求道："官老爷，我老母亲在家焦急地等着我回去，我不回去，她老人家连吃的都没有，请你行行好吧……"

蔡顺的话没有说完，早已泪流满面。那个像小头目的人被蔡顺的一片孝心感动，也不由得落下泪来。悄悄抹泪的他正准备让弟兄们集合，一看弟兄们一个个也泪流不止，有的还抽噎着，竟忘了下令集合。

蔡顺越看越不明白，但官老爷没有说话，他也不敢站起来。

待小头目回过神来看见蔡顺还在那儿跪着，他急忙跑到蔡顺跟前，把他扶了起来，并对蔡顺语气和缓、态度温和地说："小兄弟，我们这些弟兄也都是贫苦出身，谁都不会干那些伤天害理的事。"说罢，下令集合，并指派两个弟兄到山寨拿白米三斗、牛蹄子一只送到蔡顺家中，然后对着弟兄们高声说道："我们赤眉军就是替天行道、伸张正义、劫富济贫、扶危帮困的，今天在这里遇到一个尽心侍候老母亲的孝子，不仅不能伤害他，而且还应该很好地对待他。弟兄们要记住，蔡岭是出孝子的地方，从此之后都不准到蔡岭打家劫舍。"

他又回过头来对蔡顺亲切地说："蔡孝子，以后你要是遇到被贪官污吏或官军欺辱的事，一定要设法告诉我们，我们给你做主。"

不一会儿，那两个往蔡顺家里送米、送肉的赤眉军弟兄回来了，向小头目禀报。

人马到齐后，赤眉军的弟兄们都与蔡顺拱手告别，然后一溜烟地向山寨飞奔而去。

后来，蔡顺的孝名传扬天下。

又过了不几年，蔡顺盖了房，又置了地，娶妻生子，日子过得越来越好，至此，蔡顺才真的有了一个温馨的家。

埋儿奉母①

【原文】

　　[汉]郭巨，字文举，家贫，有子三岁，母减食与之。巨谓妻曰："贫乏不能供母，子又分母之食，盍②弃此子？子可再有，母不可复得。"妻不敢违。巨一日掘坑三尺余，忽见黄金一釜③，金上有字云："天赐孝子郭巨黄金，官不得夺，民不得取。"

　　诗曰：郭巨思供给，弃儿愿母存。

　　　　　黄金天所赐，光彩耀寒门。

【注释】

　　①埋儿奉母：此故事在《搜神记》《太平广记》等书中亦有记载。虽有孝心之名，但此做法颇极端，有违人伦，实不可取。

　　②盍：何不。

　　③釜：古代炊器，类似现代的锅，有耳，有盖，无足。

【译文】

　　郭巨，字文举，家境非常贫困，他有一个三岁的儿子，母亲经常把自己的食物分给孙子吃。郭巨对妻子说："家里窘困，不能很好地供养母亲，儿子又分食母亲的食物，何不舍弃儿子呢？儿子可以再生，母亲如果没有了是不能再有的。"妻子不敢违拒他。于是郭巨挖了个坑（打算埋掉儿子），当挖到地下三尺多时，忽然看见一锅黄金，金子上写着字："这是上天赐给孝子郭巨的黄金，官府不得侵夺，老百姓不许私取。"

延伸/阅读

郭巨出生在一个非常贫穷的家庭。在他很小的时候，父亲暴病而亡，临终连一句安顿的话都未留下就匆匆地走了。

孤儿寡母度日难，此话一点儿不假。光是闲言碎语，就能让人有跳河、投缳的心思，除此之外，那些指桑骂槐，打小的、骂老的之类欺负人的事情也频频发生。

郭巨的母亲几乎被口水淹没、吞噬，仅凭着一定要把儿子拉扯大的坚强信念，才能在既没有吃、又没有穿的艰难日子里顽强地生存着。

母亲为把郭巨拉扯成人，吃了多少苦，受了多少罪，连她自己也记不清楚了。一年到头，无论忙闲，都是吞糠咽菜；一年四季，无论冬夏，都是穿破衣烂衫。还不到三十岁，她的头发就白了一大半，脸上的皱纹和山水画中的沟沟壑壑相比的话，恐怕也不会逊色多少。

窘困的日子已把郭巨的母亲折磨得不成人样了。即使是铁石心肠的人，看到后也会流泪的。

苦难总有尽头，苦海也算有边。郭巨的母亲快把眼泪流干了，才总算盼到了儿子长大成人的那一天。

母子俩从此辛勤耕耘，省吃俭用，几年后慢慢地也有了一些积蓄。

穷的时候，连亲戚们都不来登门，他们躲都来不及；日子稍微好过一些，不仅上门的亲戚多了起来，连说媒提亲的人都能把家里的门槛踏平。

媒人来家说，李家庄一户人家有个好姑娘，样貌不错，贤惠能干，又能吃苦。郭母听后觉得正好门当户对，脾气也相投，非常中意，这门亲事就这样定下来了。

彩礼凑足，由媒人转送过去，谈妥日子，就把李氏娶进了门。

李氏一进郭家门就侍候婆母，端饭送水，样样不落，把婆母当成自己的亲娘；婆母看儿媳如此孝顺，也把儿媳妇当成亲生的闺女。

一家人和和美美，日子过得倒也舒心。

又过了一年，李氏生了个胖小子。

这个小家伙眼睛大大的，脸蛋圆圆的，眉毛浓浓的，鼻梁高高的，谁看了谁喜欢，一家人乐得合不拢嘴。

郭巨的母亲，喜爱这个小孙子比喜爱从自己身上掉下来的肉还要多出一百倍，一会儿抱一抱，一会儿亲一亲，几乎没有别人哄的空儿，就连夜里睡觉醒来看不到小孙子，她都要掉眼泪。

三个人一天围着这个小家伙转，日子过得特别快。

不知不觉，这个小家伙已经长到两岁了。他已经闻得出饭的香味，不再好好地吮吸乳汁，而是要吃饭了。

这下子就等于又多了一张吃饭的嘴。

就在这时，天灾人祸突然从天而降。

先是县里换了县令，这个县令比过去的县令更贪，搜刮民脂民膏的手段更多、更毒，巧立了不少名目，使百姓的负担越来越重，已到了不堪重负的地步。

接着就是一次百年不遇的大旱，从春种到秋收，就连一滴雨都没有下过，田园荒芜，颗粒无收。

郭家一下子陷入了灾难之中。一家四口人，哪一个人不吃饭都不行，何况还有个两岁小孩在那儿嗷嗷待哺。

粮食被官府掠夺一空，只好靠挖野菜、剥树皮、捋树叶过日子。

日子过得真是艰难啊！

郭巨和妻子勒紧裤腰带，想的是省出点儿来使老母亲免受饥饿之苦。可老母每次总是把她碗里的饭菜拨出好多给小孙子吃。两岁的小孩，他怎能知道人生的艰辛，他又怎能明白父母的心意？祖母给他拨多少，他就吃多少，因此郭巨的老母总是忍饥挨饿。

郭巨和李氏看在眼里，疼在心里，他们不能说也不敢说老母，生怕老母生气，生怕有违孝道。

郭巨老母的身体原本就不怎么硬朗，现在又要把仅够充饥的一点点饭菜分给小孙子吃，她如何能受得了？

不几天，老母就有点儿扛不住了，面色一天比一天发黄，眼睛一天比一天发花，瘦骨嶙峋，有气无力。

小孙子尽管有祖母的百般呵护，有父母想方设法的照顾，但毕竟粥少僧多，本是一个人都不够吃的饭，四个人分着吃，这能管什么用？别说长身体了，连维持生命都够呛，因而小孙子也瘦得皮包骨头，一天常睡不醒。

郭巨暗自喟叹："养母难啊养母难，世乱时艰难上难。"

郭巨一家四口人继续在死亡线边缘挣扎。

夫妻俩背着母亲和小儿子不知哭了多少次了，可是哭有什么用呢？他们俩整天盘算，可在这家境沦落时，在这世局动荡中，又能有什么治家良方呢？两个人都陷入了难以言状的痛苦之中。

在无路可走的情况下，郭巨忽然想出了一个办法。正当他要告诉妻子李氏的时候，李氏也想出了一个办法。两个人谁都不想先说出自己的办法，无奈之下，说定各人把各人的办法写在手上。当摊开手掌时，两个人写下的竟是一模一样的两个字：我死。

虽然是不谋而合，可两个人都是神色凄惶，满眼泪花。为此，夫妻二人争执不下，各人都有一定的道理，但都经不起仔细推敲，又在对方的辩驳下站不住脚。谁也说服不了谁，谁也没有万全之策，只能是泪眼相对。

两个人每天都愁眉不展，可在老母面前还得强颜欢笑，唯恐老母有一丝儿不高兴。可这毕竟不是解决的办法。

有一天，郭巨做出了一个惊人的决定：埋儿养母。郭巨决心已下，但他还是不敢告诉妻子李氏。躲是躲不掉，拖也是拖不了。郭巨忍着巨大的悲痛，还是背着母亲把他的惊人决定告诉了妻子。

待郭巨说完，李氏惊愕得张大了嘴巴。若是别人告诉她，即使把她打死，她也是不会相信的。因为她知道丈夫郭巨是个古道热肠、心地善良的人，对外人都能那样善良，难道他会对家人如此残酷吗？

可眼前的事实明摆着，这个决定是她的丈夫亲口说出来的，她耳朵也不背，她能不相信这个决定是真的吗？

李氏怔了一阵儿，接着"哇"的一声，放声大哭起来。那凄惨的哭声能使江河呜咽、鸟雀悲啼，可令大地动容、山川变色。好不容易止住哭声，李氏一看丈夫郭巨也在伤心落泪。

李氏哀求道："他爹，儿子是咱们的亲骨肉，就算不能呵护他，至少不能摧残他！再说，动物都懂得保护自己生下的小东西，我们这样做，不被人唾骂才怪呢！"

郭巨接过话茬，无可奈何地对妻子说："这只能怨咱们家穷。供养母亲就已非常困难，咱们儿子不懂事，每顿都要分吃母亲的饭菜，长此下去，母亲还能活下去吗？把儿子埋掉，就没有分吃母亲饭菜的人了，老人家兴许能多活几年。你我还年轻，日后还可以再生养，母亲万一有个三长两短，我们如何面对世人？死后也无法面对列祖列宗啊。"

妻子李氏一边听着，一边仍在哭泣。

过了两天，郭巨和妻子在母亲面前谎称抱着儿子到他姥姥家，就把儿子抱出了门。来到荒郊野外，夫妻俩禁不住放声大哭。眼看太阳快要下山了，郭巨才拿起铁锹挖坑，妻子在旁边抱着儿子仍在哭泣。

约莫挖了二尺多的时候，郭巨狠劲踩锹，只听"咕咚"一声，上面一堆土掉了下去，露出了一个窖。

郭巨跳下去一看，窖里面有一口小锅。打开锅盖一看，郭巨一下子惊呆了。小锅里面装的全是黄金，上面还有十六个大字：天赐孝子郭巨黄金，官不得夺，民不得取。

郭巨立即把这天大的喜事告诉了还在哭泣的妻子。妻子立马破涕为笑，跪下向上苍谢恩。

郭巨夫妻把黄金带回家中，只留下一点儿作供养母亲之用，其余的都分给了村中家有老人的人家，让他们好好奉养老人。

卖身葬父

【原文】

〔汉〕董永家贫，父死，卖身贷钱而葬。及去偿工^①，路遇一妇，求为永妻。俱至主家，令织缣^②三百匹乃回。一月完成，归至槐阴会所^③，遂辞永而去。

诗曰：葬父将身卖，仙姬陌上迎。

织缣偿债主，孝感动天庭。

【注释】

①偿工：做工还债。

②缣（jiān）：细绢。

③槐阴会所：指槐树下董永与女子相遇的地方。

【译文】

汉朝时，有一个名叫董永的人，他家里非常贫困，父亲去世后，他只能卖身借债来埋葬父亲。丧事办完后，董永便去主家做工还债，在路上遇到一个女子，女子央求做他的妻子。董永带她去主家帮忙，主家要女子织完三百匹缣才能离开。女子一个月就织完了，在与董永回家途中，走到当初两人相遇的槐树下时，那女子辞别董永独自离开了。

延伸/阅读

董永出生在一个世世代代以种田为生的家庭里。父亲是一个老实巴交的农民，为人厚道，勤劳节俭，但由于土地贫瘠，虽日出而作，日落而息，但仍然是连饭都吃不饱，年年受穷。

由于家里穷，已经到了成家的时候，依然没有一个媒人来家里给董永父亲说亲。

邻村有一户人家了解到这个小伙子忠厚老实、吃苦耐劳，愿把女儿嫁给这样的人。他给媒人说："不要看他现在穷，只要他能扑下身子干，不怕吃苦，将来的日子就差不了。"

结婚一年左右，妻子生下了一个胖乎乎的儿子，起名为董永。

董永小的时候就活泼好动，十分可爱，父母都特别喜欢他，经常因为想抱董永却没有抱上而相互生气。

这样的日子仅仅过了三年，董永的母亲在一场突如其来的大病中撇下丈夫和儿子溘然长逝了。

从此，家里冷冷清清，父子相依为命。

好天气时，董永的父亲下地劳动，就把他背到田间地头，让他在地里玩耍，碰上刮风下雨，就把董永锁在家里。董永特别听话，饿的时候把父亲留下的饭吃完，就自己想着法子玩，从来不哭不闹。

董永一天天地长大了，开始懂得心疼父亲了。等到前半晌的时候，董永就拎着一小瓦罐水到地头给父亲送水，遇到刮风下雨天，他就把用来遮风挡雨的衣物给父亲送去。

村里的人都夸董永是个孝顺、听话的好孩子。

可世事难料，汉灵帝中平年间，山东青州发生了黄巾起义，渤海发生了骚乱。董永随父亲避乱迁徙至汝南（今河南汝南一带），一路上风餐露宿，栉风沐雨，吃尽苦头，好在保住了性命。

他们在这里待了不长时间，又因战事频繁，不得不离开这里到处流浪，沿村乞讨，最后流落安陆（今湖北孝感）。

来到安陆，人生地不熟，董永的父亲只得给人家干零星的杂活，养家糊口。不久，一家大商铺要雇一个打更的，董永的父亲被大掌柜一眼看上，进了商铺，还特许他带小孩进出商铺后院。

董永年龄虽小，但眼里有活。他除了帮助父亲拾掇后院的库房处堆积的废旧物资，还干些杂七杂八的事，有时替伙计打扫店铺，有时站在店铺里看伙计们怎样招呼客官、迎来送往。

董永的父亲实实在在地做事，认认真真地完成掌柜们交办的工作。时间虽不长，但大掌柜特别信任董永的父亲，把许多带有机密性质的事情交由他去操办。

大掌柜从别人那里了解到了董永父亲的遭遇，顿生恻隐之心。他打发伙计把董永的父亲唤来，当面告诉他："这几年来你辛苦了，我得感谢你。一会儿你到算账先生那里领上纹银二十两，自己出去开个小店，一者维持生计，二者也得再成个家，不能老是既当爹又当娘。你儿子是块经商的料，让他帮衬着你，肯定错不了。"

董永的父亲领赏后，就和儿子开始经商了。

父子俩开了个小店，门面虽不大，但百姓日用品应有尽有，品种齐全，货真价实。一开张，客官就络绎不绝，生意还挺兴隆。

客官冲的是董永的童叟无欺、心眼好，而董永看到客官如此照顾他们的生意，往往反奸商之道而行之，买布给多个一寸两寸，零头就不要钱了，看到穿着破衣烂衫的，索性连钱都不要了。

董永的父亲想，照这样下去，不但不能挣钱，弄不好还得把本钱也搭进去。他多次苦口婆心地教诲儿子，儿子听的时候好像也很用心，可一到做买卖时，依然如故。

月底算账，倒是进来的多，出去的少，除去一切开销，还有一点儿余头。见此情状，董永的父亲也就不再说啥了。

这买卖做得刚有点儿起色，父亲突然病倒了。老人家挺有骨气，平日里从未见他因病呻吟过，可这一回却疼得直喊爹叫娘，汗珠子豆粒般大，滚滚而下。

董永急忙把镇中最有名气的医生请来，望闻问后，一切脉，医生脸色变了，告知董永："你父亲得的是绝症，快准备后事吧！"

董永赶紧跪下磕头，哀求医生救一救父亲。医生一脸无奈，安抚了几句便匆匆离去。

父亲也知道性命不保，便吩咐董永变卖家产，送他回老家，必须把他和列祖列宗埋在一起。

镇上的人知道董永遭到不幸，变卖店铺和其他家产，纷纷前来看望，并捐钱捐物。

董永雇了车带着病重的父亲就要上路了，那些客官闻讯后急急忙忙地赶来，挥泪与董永告别。

董永忍着悲痛，马不停蹄地向老家前行。

俗话说，福无双至，祸不单行。刚刚走出一百来里地，来到一个沟深林密的山谷里，就有几个大汉从山上冲下来，不由分说就把他父亲扔到地上，抢走所有财物后纷纷逃窜。

董永的父亲此时哪里还能受到了这样的惊吓，一阵抽搐，便咽下了最后一口气。

董永心如刀绞，哭声响彻山谷。身无分文的他，只好背着已经含恨离世的父亲缓慢地行走在山间小路上。好不容易看到一个村庄，他拿出吃奶的力气才把父亲背到了有人烟的地方。几经周折，他才找到了一个大户人家。董永向这家穿着绫罗绸缎的主人述说了自己的不幸，哀求予以资助。

可惜，门洞的风，老财的心。这种唯利是图的人怎么会悲天悯人，听董永哭诉完后，只说了一句"我还正为钱犯着愁呢"，便关上了大门。

好心的人知道了董永的遭遇，纷纷慷慨解囊，但这无异于杯水车薪，哪够埋葬的费用。他谢过那些好心人，向他们借来纸笔，写下了一份卖身契，上面写着："家父不幸西归，身无分文葬父。若能帮我葬父，情愿当牛做马。立此契约，永不反悔！"

在场的百姓无不落泪。

董永已哀求过的那家穿着绫罗绸缎的主人，姓裴，是个大财主。他听到这一消息后，欣喜若狂，几乎跳了起来。他怕别人抢在前面，便三步并作两步，气喘吁吁地赶过来了。

裴财主来到董永面前，假惺惺地说："我这个人一看见可怜的人，就不由得发起善心来。你先拿上这些纹银，把你父亲埋了，办完丧事就来我家。你只要织上细绢三百匹，我就立即还你自由。你要不讲信用，到时候可不要怪我不客气。"

其实，按织绢的工钱算，裴财主手中的纹银顶多需织二十四，算起来比社会上借钱的利息高出十几、二十几倍。

可董永已全然顾不上计较财主苛刻的条件，只要能把父亲葬到祖上的坟墓，即使比这再苛刻的条件，他也会眉头皱也不皱一下地答应下来。因此他立马拿上了裴财主贷给他的钱安葬父亲。

董永了却了父亲的心愿，又守了七日孝，就往裴财主家赶。途中走到一棵槐树下时，董永遇见一位美貌的女子。女子含情脉脉地说："你可能还没有娶妻，我愿与你永结同心！"

董永知道自己已是卖身为奴的人，这样的事必须禀告主人，自己是做不了主的。因此，他只好对这位女子直说："这件事，我自己不敢做主，须禀告主人。"

女子呵呵地笑了起来，之后说："未当奴仆前，已是忠顺的奴仆。好吧，我愿与董郎一同前去拜见你的主人。"

董永同这位女子来到裴财主家，诉说缘由，裴财主欣然为他们的婚姻做主，让他们在一个月内，织出三百匹细绢，即可赎身，做自由的农夫。

从这天起，夫妻俩日夜纺织，饿了，胡乱地吃上一口；困了，就在手摇的纺织机旁打个盹，忙得已不知白天黑夜，累得已腰酸腿疼。终于在一月期满的前一天，将三百匹细绢交给了裴财主。

裴财主把董永写下的卖身契还给了董永。翌日，夫妻二人高高兴兴地离开了裴财主家。又来到了一个月前相见的槐树下，女子突然向董永告别。

董永哭着说："你为我赎身的恩德，我还没有报答，你怎能抛下我就走呢？"

女子到这时才告诉董永事情的原委，泪花在眼眶中直打转，凄切地说：

"你我夫妻一场，我也舍不得离开你。我是银河旁的织女，天帝念董郎一片孝心，令我下凡相助。今日缘满，我必须回去向天帝复命。"

说完，织女恋恋不舍地凌空而去。

刻木事亲

【原文】

［汉］丁兰①幼丧父母，未得奉养，长而念劬劳之恩，刻木为像，事之如生。其妻久而不敬，以针戏刺其指，血出。木像见兰，眼中垂泪。因询得其情，即将妻弃之。

诗曰：刻木为父母，形容在日身。

寄言诸子女，及早孝双亲。

【注释】

①丁兰：后汉河内人。关于他的传说很早就有。三国曹植《灵芝篇》："丁兰少失母，自伤早孤茕。刻木当严亲，朝夕致三牲。"

【译文】

汉代丁兰幼年父母双亡，他没有机会奉养行孝，长大后常思念父母的养育之恩，于是将木头刻成双亲的雕像，对待雕像如同活人一样。久而久之，他的妻子就对木像不太恭敬了，竟玩笑般用针刺木像的手指，而木像的手指居然有血流出。木像再见丁兰时，眼中流泪。丁兰便查问妻子，得知实情后，将妻子休弃。

延伸/阅读

丁兰，相传是东汉时期河内（今河南黄河以北）人。

他父亲为人淳朴憨实，心地善良，是个务农的好把式，他母亲贤惠机敏，平易可亲。虽然只种着两亩薄地，但由于夫妻俩能吃苦，肯出力，辛勤耕耘，一年下来起码口粮不用发愁，有时碰上好年景，还能有点儿余粮。

然而天有不测风云，人有祸夕旦福。丁兰父母相继亡故，只剩丁兰孑然一身，孤苦伶仃。他痛苦不堪，有好几次跳河、上吊，都被村里人发现，解救下来。

丁兰在村里好心人的帮助下，耕种着父母留下来的两亩薄田，过着饥一顿、饱一顿的艰难日子。

春天，他学会扶犁、耙地，在别人的帮助下播下了种。夏天，他经常起早贪黑地锄地、间苗。秋天，他披星戴月地收割庄稼，别人一天能割完的庄稼，丁兰最少也得四五天。人们见他怪可怜的，路过地头时常常帮丁兰收割庄稼。丁兰自己不能拉，不会碾，不会扬，村里的人都来帮他。冬天，寒风凛冽，他也得出去搂柴、拾粪，两手冻得红红的，十个指头都麻木了，有时就跑到牛刚拉出来的粪堆里暖冻僵了的手。

日复一日，年复一年，丁兰在生活困苦、终日思亲的煎熬中长大成人了。

后来，思念父母之情愈来愈强烈，几近于不由自主：他看到别人家儿孙满堂、几代同居、孙绕膝下，他就流泪；他看到他人给父母烧茶递水、端饭送菜、洗衣晾衫，他就哭泣；他看到年关前年轻人给父母添置新衣、购买糖果、制作糕点，他就肝肠寸断；他看到老人们患病后儿女们跑前跑后、煎药熬汤、喂饭喂水，他就涕泗横流。

丁兰实在无法忍受这种近乎残酷的精神折磨，他要想出一个免除思念父母之痛的妙计。

他日思夜想，终于想出了一个刻木为像的办法，即把父母生前的形象刻在一块木板上，然后让它在自己心中活过来，不就可以天天见到父母，也可以天天孝敬父母了吗？

他开始回想父母生前的形象，但总是模糊的，怎么也清晰不起来；他开始缅怀父母那苦难的一生，但总是零星的、片段的，怎么也完整不起来。

丁兰为此感到十分苦恼。

有天夜里，他做了一个梦：有一位老人告诉他，他要做的事情，村里的老人都能帮他。

第二天醒来后，梦中老人说的话，他还记得清清楚楚。他只恨自己笨，怎么就没有想起这个办法来。

丁兰开始走东家问大爷，串西家问婶娘，碰见人便问，有影子就访。半个月以后，脑袋里就装满了父母亲生前所做过的各种事情和遭遇的各种灾难，眼前呈现出了父母亲真真切切的形象。

他将眼前呈现出的父母亲的形象刻在一块经过精心设计制作的木板上，摆放到屋内仅有的一个大红柜子上。

从此，丁兰每天早晨、中午、晚上三次在父母亲的像前下跪请安；一日三餐，每顿饭总是先盛上一大碗，放在父母亲的像前，并说："爹，娘，趁热赶快吃吧！"之后，他才拿起碗筷吃饭。

每到刮风下雨天，丁兰总要用衣服包住父母亲的像，生怕其着了寒，淋了雨。

有事情自己解决不了时，他总是跪在父母亲的像前，一个一个地都要问过。他暗自说："要是二老不知道我的情况，他们会着急的。必须告诉他们，让他们放心！"

丁兰刻木为像、对待亡亲就像活着那样侍奉的孝行，很快传遍了黄河南北。十里八乡的媒人纷纷给丁兰提亲。

邻村的一个姑娘也见过丁兰，在媒人的说合下嫁给了丁兰。

夫妻俩相敬如宾，和和美美。丁兰把刻木为像、侍奉亡亲的缘由讲给妻子听，并要求她和自己一样对待亡亲。

起初，妻子按照丁兰的要求，每天和丁兰一样尽心尽力地侍奉亡亲，丁兰特别高兴。

可时间长了，丁兰的妻子就不大愿意每天那样侍奉亡亲，即使做了，也是马马虎虎，并不虔诚。

有一天，丁兰外出。中午时，他妻子很不情愿地下跪请安后，又把饭端到亡亲的像前。她突发奇想，想在木像身上试一试他们有没有知觉，于是便拿来了做衣裳用的针，用针尖向木像的指头刺去。瞬间，殷红的鲜血从木像的指尖处流了出来。

傍晚时分，丁兰回来给木像请安时，发现父母眼泪不断，非常痛苦的样子。

　　丁兰有点儿不解，急忙问其妻子。丁兰的妻子看见丁兰追问不休，只好照实说了。丁兰不听则已，一听就火冒三丈，气愤地对妻子说："由此看来，咱们俩的缘分到今天也就结束了！和我同床共枕的人必须是对死去的父母极其孝顺的人。"

　　说罢，写了休书，就把妻子休了。

　　之后，丁兰还是一如既往地在木像前侍奉亡亲，至死不渝。

涌泉跃鲤

【原文】

〔汉〕姜诗事母至孝，妻庞氏，奉姑尤谨。母性好饮江水，妻汲而奉之。母更嗜鱼脍^①，夫妇作而进之，召邻母共食。舍侧忽有涌泉，味如江水，日跃双鲤，诗取以供母。

诗曰：舍侧甘泉出，一朝双鲤鱼。

子能知事母，妇更孝于姑。

【注释】

①鱼脍：切得很薄的鱼片。

【译文】

汉代的姜诗对母亲非常孝顺，他娶了庞氏为妻，妻子也很孝顺姜母。姜母喜欢喝江水，庞氏常到江边取水给姜母饮用。姜母爱吃鱼，夫妻俩就常常做鱼给她吃，而且他们还会叫来邻居老婆婆与母亲一起吃。一天，他们的房子边上忽然喷涌出泉水，其味与长江水相同，每天还有两条鲤鱼跃出，姜诗便用这些侍奉母亲。

延伸/阅读

东汉时期在广汉雒县汛乡（今孝泉古镇，位于四川德阳西北部）居住着姜诗一家人。

姜诗的母亲陈氏年纪轻轻就守了寡，带着儿子姜诗过着吃了上顿没下顿的贫苦生活。不过陈氏为人厚道、善良，左邻右舍看到她的日子过得艰难，时不时地也伸出援助之手，接济一点儿，因此，母子二人也能将就地过下去。

尽管吃了不少苦，但陈氏总算按照丈夫临终时的嘱咐把姜诗拉扯成人，并东挪西借地给姜诗娶了个媳妇。

姜诗从小就知道家境贫寒，母亲吃的苦、受的罪，没有人能比他更清楚，包括他母亲，因为漫长的岁月早使她把一些没有切肤之痛的事给忘记了，而姜诗却还记忆犹新。因而姜诗从小就特别听母亲的话，从不惹母亲生气，长大以后对寡母更加孝顺。寡母爱吃的、想喝的，除了上天揽月、下海捉鲸，他都要想法子弄来满足母亲的要求。

妻子庞三春贤淑达礼，吃苦耐劳，心灵手巧，孝敬父母，在未嫁人前就有好名声。她嫁到姜家后，听姜诗给她讲婆母前半生的悲惨遭遇，也决心同姜诗一起侍奉老母。

姜诗的母亲在生下姜诗后，养成了一种习惯，就是每日喝水只喝江中的水，还特别爱吃江中的鲤鱼。

庞三春自从进了姜家的门，就把这副担子挑在了肩上，即使一年后生了儿子（小名叫安安，大名叫姜石泉），她仍旧一如既往地挑水打鱼。

江边离姜家有六七里远。庞三春每天都得很早就动身，待打捞上鱼，再挑水回家，至少也需半天时间。她长年累月地、忍饥挨饿地行走在这条路上，无论刮风，还是下雨，人们都能看见庞三春艰难挑水的身影。

一次，庞三春走到离江边还有一二里的地方，遇上了狂风暴雨。狂风夹着暴雨，像一根根鞭子似的抽打在庞三春瘦弱的身体上。好不容易到了江边，只见江上波涛汹涌，一排排巨浪拍打着江岸，连个鱼影儿都没有，更别说打鱼了。

直到下午，雨势仍未减。庞三春只得空手而归。

姜诗看到妻子既未打来鱼，也未挑来水，就以为是妻子侍候母亲侍候得腻烦了，故意这样做的。因此他既不看妻子那一身泥水、灰头土脸的可怜样子，也不听一听妻子的诉说，就把妻子劈头盖脸地责骂了一通，逐出了家门。

她想：丈夫不知情，冤枉了我，即使我不去和他说长论短，但起码也应该让丈夫知道我是无辜的。孝母之心，天地可鉴！

她越想越伤心，禁不住流下泪来。

她离开不久前还属于她的家，离开这个非常熟悉的村庄，满含泪水，三步一回头，漫无目的地向村外走去。

不知是不是天意，她走着走着，就走到了尼姑庵，抬头一看，只见上面写着：白云庵。

正要敲门，一个尼姑模样的人出来了。庞三春上前施礼，诉说了自己的苦衷并哀求她将自己留下。

恰巧这位是白云庵住持，住持听完了她的哭诉，就答应了她的请求。

庞三春剃度完毕后，就干起了庵中的零碎活，扫地、打柴、洒扫庭院、烧水端茶，一个人忙得不亦乐乎。

白天忙得什么也顾不上想，一到夜深人静的时候，庞三春就想起了婆母，想起了儿子安安，有时候也想起丈夫姜诗来，直想得泪流满面，一夜未眠。

有一次，庵里举行大道场，善男信女来得真不少。庞三春在这里遇到隔壁邻居王二婶，她急忙向王二婶打听家中的情况，特别是婆母的情况，并托王二婶给婆母带回两尾鱼、几斤肉，这是她省吃俭用省下来的。

王二婶悄悄地把庞三春流落在尼姑庵的消息告诉了安安。这时候，安安已经十岁了，到学堂读书已经三年了。

安安缠着王二婶不放，非要王二婶告诉他去白云庵的路线。

第二天，安安逃学了，他要找母亲去。

母子相认后，抱头痛哭了一场。

安安回到家里对父亲说："爹，快把母亲接回来吧！"

姜诗听到儿子说起妻子来，胸中涌起一阵阵酸楚。他当时一气之下把妻子逐出了门，结果不仅使母亲、儿子受了苦，他自己吃的苦头也不少。

姜诗早就后悔当初的粗暴、武断，只是不好说出来，也没有机会说出来。趁儿子提起这个话题，他就顺水推舟地说："那我们就一起打听打听你母亲的下落吧！"

小安安几天来就巴望着父亲的这句话。待父亲说完，他就一溜烟地连夜跑去告诉了还在愁肠百结的母亲。

小安安说完，哭泣着求母亲原谅父亲，求母亲赶快回家。

庞三春这一回真的动了心，看在家人日夜盼望自己归来的分上，她原谅了过去也曾疼爱过她的丈夫，和儿子一起回了家。

庞三春回到离别将近七年的家：

抬头一看，院落破败得不像样子，房顶上荒草萋萋，院子里杂物横七竖八地躺着，连下脚的地方都没有。

进屋后，看到婆母明显老了，也瘦了，眼神呆滞，脸色焦黄。丈夫的身体也大不如从前了，庞三春心中不由得一阵一阵地疼痛。

一家三代人又团聚了，有哭的，有笑的……

第二天，庞三春又早早地起来，拾掇好家后，照例挑着水桶，拿上渔网就要去江边。

婆母闻讯，连鞋都没有顾上穿，就出来拦阻，声音颤抖地说："媳妇，你能回到这个家来，为娘的已经算是烧高香了。娘不喝那水，不吃那鱼，绝对死不了。但要是累坏了你的身子，这个家可咋办呀！"说着说着，便抽抽搭搭地哭了起来。

庞三春赶紧放下肩上、手上的扁担、渔网，扶着婆母进了家，并对婆母说："好几年没有孝敬您老人家了，这都是儿媳妇的罪过啊！娘不能让人家戳着儿媳妇的脊梁骨骂儿媳妇吧！"

婆母只好让步。

庞三春依然是日复一日、月复一月地挑水打鱼。

姜诗把鱼做好后，知道母亲不喜吃独食，就把四邻八舍的大娘、大婶们叫到家里来，和母亲一同吃味道鲜美的大鲤鱼。

几位老人一边吃着美味佳肴，一边说笑着，阵阵欢笑声飘荡在小村庄里。

有一天，当人们都熟睡的时候，姜诗家的房舍东边忽然轰隆隆地响了起来，一家人吓得谁也不敢作声。等响声过后，姜诗壮着胆子往院子里一看，一下子惊呆了：离住房三步远的地方，一股泉水正喷涌而出，水清凌凌的，泉水中还有两尾活蹦乱跳的鲤鱼。

姜诗把全家人都招呼出来看这一奇观，一家人乐得合不拢嘴。

姜诗的母亲立即跪在地上，给上苍磕头作揖，并不住地说："感谢上苍，救苦救难，寡母孤儿，永世不忘……"

等寡母说完，姜诗赶紧把泉水中的两尾鱼捉回了家。

从此，他们每晚都来这里拎水，再也不用到远在六七里之外的江边挑水了；每晚都有两尾鲤鱼从泉水中跳跃出来，再也不用撒网捕鱼了。

姜诗夫妇孝感天地而致涌泉跃鲤的事不胫而走，越传越远。

怀橘遗母①

【原文】

[后汉]陆绩②，字公纪。年六岁，于九江见袁术③。术出橘待之，绩怀橘三枚。及归拜辞，橘堕地。术曰："陆郎作宾客而怀橘乎？"绩跪答曰："吾母性之所爱，欲归以遗母。"术大奇之。

诗曰：孝顺皆天性，人间六岁儿。

袖中怀绿橘，遗母事堪奇。

扫码看视频

【注释】

①怀橘遗母：事见《三国志·吴·陆绩传》，《三国演义》第四十三回还提到此事。"陆郎橘"成为孝亲典故。遗（wèi），给予，赠送。

②陆绩（187—219）：字公纪，三国吴郡吴县（今属江苏）人。博学多识，通晓天文、历算，作《浑天图》，注《周易》，撰《太玄经注》。

③袁术（？—199）：字公路，东汉汝南汝阳（今河南商水西南）人。灵帝时为虎贲中郎将。董卓专权，术奔南阳（今属河南），据有其地。建安二年（公元197年），称帝于寿春（今安徽寿县），自称"仲家"。后为曹操所破，病死。

【译文】

东汉时，有一位孝子姓陆名绩，字公纪。他六岁的时候，父亲带他到九江拜见袁术。袁术拿出橘子招待他，他悄悄把三个橘子揣到怀里。告别跪拜的时候，橘子掉在地上。袁术问他："陆公子来我家做客，为何把几个橘子藏在怀中？"陆绩跪答道："我母亲一向很喜欢吃橘子，我便想把它拿回去孝敬母亲。"袁术为此大为惊奇。

延伸/阅读

东汉末年时，在镇压黄巾起义的过程中，割据一方的军事势力不断出现，一批批在地方上有势力的家族也已形成，陆氏家族就是其中的一个。

陆绩的父亲陆康，当时就在庐江做官，虽然对儿子极其疼爱，但由于战乱不断，各地都不太平，外出一般不带家眷。因此，陆绩和母亲就留在家乡吴郡（治所在今苏州）。这样，陆绩的母亲就把抚养和教育陆绩的重担挑了起来。

吴郡一带天气特别炎热，为使儿子陆绩不受暑气的折磨，陆母常把儿子放在摇篮里，且一边摇，一边给儿子唱摇篮曲，陆绩听着听着，就进入了甜美的梦乡。

光阴似箭，日月如梭。不知不觉地就到了陆绩该识字读书的年龄，陆母是大家闺秀，识文断字，女红针黹，样样精通，且认真细心，她要把自己的儿子培养成栋梁之材。

　　每天五更天，母亲就把还在酣睡的儿子叫醒，教他识字，从"人""大""天""夫""夹""丈""尺""寸"到"日""月""山""川""父""母""兄""弟"，母亲一字一字地教，儿子一字一字地读。

　　一到中午，儿子就按照母亲的安排，开始写字。母亲从横、竖、撇、捺开始教，先易后难，循序渐进。儿子听从母亲的教导，一笔一画认真地练。

　　到了晚上，母亲就开始给儿子讲"老莱子戏彩娱亲""郯子取鹿乳奉亲""子路为亲百里负米"等故事，让儿子知道孝敬父母是做人最重要的德行。

　　陆绩从小就聪明好学，也有悟性，因此在了解了孝道之后，就在实际行动中贯穿这一精神，在家里对母亲格外孝顺。

　　一开始是向母亲早晚请安，后来是吃饭时总是让母亲坐在炕上，由他来端饭舀菜，母亲不吃，他也不吃。如果母亲有个头疼脑热，他就急得不得了，一会儿问哪儿不舒服，一会儿又走到母亲跟前摸一摸母亲的额头，再摸一摸自己的额头，通过对比来看母亲是否发烧。如果需要请医生诊治，他就急匆匆地一路小跑找医生，之后又是买药又是煎，忙得团团转。

　　陆绩人虽小，但观察力还挺强的。他能发现母亲什么时候不高兴了，也能知道母亲现在心里正乐着呢。而当母亲不高兴时，他就想尽办法逗乐母亲。

　　陆绩不仅孝敬在他身边的母亲，对父亲也时常想念，每过几天，就要问一问母亲："娘，爹什么时候才回来看我们呢？他不是说过一两个月就来看我们吗，这都三个月零八天了，他怎么还不回来呢？不是哄我们吧！"

　　陆母听了儿子的话，暗自发笑，心里想，这小东西还真够精的，我都不记得的事，他还放在心里。为了不让儿子有错误的想法，她在儿子说完后，就笑着说："是不是又想你爹了？你爹不能按照说的时间回来，肯定是有许多事情缠着他，让他脱不开身。再说现在局势动荡，老百姓生活在水深火热之中，你爹不得帮助百姓渡过难关吗？”

陆绩知道误会了父亲，也就不再吱声了。可过不了几天，陆绩又向母亲提议："娘，是不是得给我爹捎去几件衣服，是不是得给我爹买上几双袜子……"

陆绩的母亲笑着点了点头，心里在说："这小东西真是把他父亲挂在心上了。"

陆绩在母亲的精心抚育下，渐渐长大了。在母亲的谆谆教诲下，他长进了不少，成了远近闻名的神童。可陆母由于日夜操劳，耗费心血，身体已不如从前了。

她经常感到口干舌燥，浑身乏力，虽然也找过医生，吃过不少药，但效果不佳。

有一天，陆母忽然想吃橘子（平时也爱吃橘子），据人们说，病人想要吃的东西，正是病人身体内所缺乏的，吃了没准儿就能去掉病。

陆绩听说后，就提上一个小篮子到了市场。市面上卖橘子的倒也不少，但究竟哪一个摊主的橘子新鲜、甘甜，吃起来又爽口，他是看不出来的。为了给母亲买到最好的橘子，他从东走到西，从南走到北，又给摊主说了好话千千万，摊主才允许他在买之前先尝一尝。

陆绩先后尝了二十多个摊主卖的橘子，最后选准了一家。他买了一小篮橘子，一色的黄，个头大，滚圆滚圆的，煞是好看。

陆绩本以为母亲吃了以后一定会很满意，因此兴冲冲地跑回了家。谁知母亲吃了一口，就吐了出来，并且连声说："又酸又涩，不好吃！"

又过了一两年，他和母亲被父亲接到庐江。父亲为使陆绩增长见识，丰富阅历，经常带他到外面接触那些有识之士，有时拜访社会名流，也把陆绩带在身边。

陆绩的父亲陆康和袁术是老交情。两人虽不在一地做官，但经常书来信往，称兄道弟，甚为亲密。

一次，陆康带着年仅六岁的儿子陆绩，到居住在九江的袁术家里做客。

袁术早已耳闻陆康的儿子有才气，就想见一见。他看见陆康把儿子也带来了，心里格外高兴。两人相互谦让一番，才分别就座。

袁术和陆康也很长时间没有见面了，自然是畅叙别情，纵论天下大事。陆绩知道大人们说话，小孩子是不能插嘴的，就坐在一旁，聚精会神地听着两个大人的谈话。

袁术不时地看一看陆绩，一见陆绩举止端肃，目不斜视，静心候教，便生了考一考陆绩的念头。

经过深思熟虑，袁术和陆康打了个招呼，说要看一看陆绩的才气，而后便正襟危坐，俨然一个主考官，头转向陆绩，开始发问。袁术一连提了五个问题，陆绩都不假思索地对答如流。

袁术连连夸赞，不住地说："奇才呀，奇才！"

不一会儿，仆人端上一盘金橘，招待陆康和陆绩。

陆绩在一番礼让后，才拿起金橘，慢慢剥开，用心品尝起来。

这种金橘皮薄、肉多、无籽、汁甜，一入口，感觉就不一样，本来想说一句"好吃"，可怕人家笑话，只好暗自赞叹。

当他正要再拿一个吃的时候，忽然想起了母亲，他想，这种橘子母亲肯定爱吃，于是缩回手，再没有舍得吃。

陆绩在父亲和袁术亲密交谈之际，就趁机把盘子里剩下的三个金橘揣进怀中。

等到父子俩准备告辞的时候，陆绩两臂夹紧，双手抱在胸前，小心翼翼地从椅子上滑下来，随同父亲走到主人面前鞠躬施告别礼。

不料当陆绩双手作揖、毕恭毕敬地弯下腰施礼的时候，三个黄灿灿的橘子突然从他的衣襟里"咚咚咚"地掉了出来，滚落在地上。

袁术见此情景，心生不解，便问："贤侄是名门望族出身，志向又远大。今日到我家做客，为何要怀揣三个金橘离开呢？"

陆绩见露馅了，慌忙跪下说："愚侄见伯父家的金橘好吃，心想家母一定爱吃这样的橘子。要是吃了这样的橘子，也许家母的病就会好了。敬请伯父体谅！"

袁术听完陆绩的解释，激动不已，心里想，六岁的小孩就能时刻惦念生母，难能可贵呀！他竖起大拇指，夸赞道："贤侄不仅有才，而且有德，将来必成大器！"

说完，吩咐仆人挑了一篮子个又大味又美的金橘，送给陆绩。

陆绩的母亲吃了陆绩从袁伯父家带回来的金橘，口不干了，舌也不燥了，食欲大增，没过多久，身体就康复了。

此后，陆绩六岁怀橘遗母的感人事迹广为传颂。

后来，陆绩在郁林（今广西境内）做了太守。在任期内，他极力提倡孝道，施行仁政，人民安居乐业，社会秩序井然，在朝野声望也很高。

扇枕温衾

【原文】

[后汉]黄香①，字文强，年九岁失母，思慕惟切，乡人皆称其孝。躬执勤苦，事父尽孝。夏天暑热，扇凉其枕簟②；冬天寒冷，以身温其被席。太守刘护表而异之。

诗曰：冬月温衾暖，炎天扇枕凉。

儿童知子职，千古一黄香。

【注释】

①黄香：字文强，东汉江夏安陆（今属湖北）人。少博学经典，能文章，京师号曰："天下无双，江夏黄童。"初拜郎中，安帝时任魏郡太守，时遭水灾，以俸禄及所得赏赐赈济灾民。著有《九官赋》《天子冠颂》等文。

②簟（diàn）：竹席。

【译文】

东汉黄香，字文强，九岁时母亲去世，他终日深切思念，乡党们都夸他孝顺。他见父亲劳作辛苦，伺候父亲非常尽心。夏天酷热，他用扇子为父亲扇凉枕席；冬天寒冷，他用身体为父亲温暖被褥。太守刘护特意表彰了他，并且对他另眼相待。

延伸/阅读

东汉时期，在江夏安陆（今属湖北）住着一户姓黄的人家。

这户人家只有一个年龄在二十五岁左右的孤苦伶仃的小伙子。这小伙子家境贫寒，虽然世世代代以种地为生，但家中却连个像样的农具都没有，蓬门荜户，家徒四壁。

由于家贫，这小伙子三十岁之前连个上门提亲的媒人影子都未曾见过，直到三十出头，才娶了一个媳妇，也算成家立业了。

这小伙子自从娶了媳妇，更能吃苦了。他是风里来，雨里去，一年到头没有歇息过一天。晨曦微露，他已经开始在地里干活；夜幕降临，他才从田间地头往回走。因为地少，他不得不精耕细作，人家锄两遍，他最少锄三遍，人家耙一回，他起码耙两回。

第二年春天，妻子生了个又大又胖的儿子，起了个名字叫黄香。这小儿子一天一个样，会笑了，能爬了，扶着人可以走路了，牙牙学语了……把无穷的欢乐带到了这个家。

夫妻俩看着儿子渐渐长大，开始琢磨如何培养儿子，让儿子将来不要像他们一样，斗大的字认不了二升，字认得他们，他们不认得字。两个人一有空，就盘算如何多打粮，如何养牛养羊、喂猪喂鸡，好有些积蓄，供儿子读书。

小黄香也非常聪明可爱，甭看平时少言寡语，不多说话，但他心里琢磨的事情多着呢。

平时他就注意观察，看父亲如何喂牛喂羊，看母亲如何喂猪喂鸡。等到父母亲下地干活时，家里喂牲口的事，他就悄悄地担当起来了。家里的这些牲口渐渐地和他有了感情。猪呀，鸡呀，一见到他，就跟在他屁股后面，一直不离；牛呀，羊呀，一看到他，就叫个不休。

小黄香也开始用他能想到的方式孝敬起父母来了。有点儿好吃的，父母都舍不得吃，专门给他留着。他拿上好吃的自己不独吃，而是想着法子让父母吃，一会儿捂住父亲的眼，让父亲把嘴张开，把好吃的东西塞到嘴里；一会儿又用小手捏住母亲的鼻子，叫母亲张开嘴，再把好吃的东西送到嘴内。

小黄香七八岁的时候，就懂得尽自己最大的努力替父母分担生活的重担，他能把水缸挑满，把房子打扫干净，打扫够不着的地方时就踩上小板凳。

小黄香的父母亲看见小儿子这么懂事，心里甜滋滋的。

就在一家人齐心协力地改变家境窘困的状况且已经有了一线希望的时候，厄运突然降临。

一天，黄香的母亲正在地里锄地，忽然腹部疼痛起来。她忍着疼痛继续锄地，可一阵疼过一阵。她头上的汗珠不断沁出，脸一下子变得特别苍白。黄香的父亲见此情状，忙放下手里的锄头，背上妻子急急地向家里跑去。

黄香看见母亲疼痛难忍的样子，背过脸哭了起来。父亲急忙去十里地之外的一个集镇上请医生。

等医生来到家时，母亲疼得已昏厥了过去。医生号脉后，面带难色地对父亲说："在咱们这些小地方是治不了啦，赶快准备后事吧！"

黄香的母亲连一句安顿的话都没有给父子俩留下，就撒手人寰了。

黄香扑到母亲身上，哭得死去活来，泪水湿透了母亲的衣衫。黄香的父亲死拉硬拽才把黄香拉了起来。

黄香的父亲怕小儿子伤心，只得偷偷地哭泣。

黄香自母亲走了以后，一下子变了许多。茶不思，饭不想，父亲把饭端给他，他都好像不知道，饭已经凉了，他都没有动筷子的意思，整天神不守舍的样子，人也瘦了不少。

白天，他坐在院子里思念母亲，经常伤心地落泪；夜晚，觉也睡不踏实，经常在呼喊母亲的哭叫声中惊醒。

他清楚地记得给母亲上坟的时间，未等父亲动手，他便早早地把上坟用的纸钱、香火以及供品都准备好了。每次上坟时黄香都特别伤心，哭诉着对母亲的思念。

人们见了黄香，都说他真是个孝子。

母亲去世后，黄香就和父亲相依为命。

黄香发现父亲的白发越来越多，皱纹也比以前更多了，人更瘦了，连性情也变了，变得孤独怪僻了。黄香看着父亲悲苦的神情，心里一阵一阵地发痛。他想，一定要加倍孝顺父亲，把思念母亲变为孝顺父亲。

自此，黄香就把家里的活几乎全包了。天一亮，黄香就起来打扫屋子，担水做饭。等父亲醒来时，他早已把饭做好。

白天，黄香跟着父亲到地里干活，重活干不了，就干些力所能及的活，在田里拔一拔草，松一松土。

晚上，黄香从来不自己一个人早早地睡觉，要是父亲缝补衣裳，他总是给父亲纫针打结，或者坐在父亲身边，听父亲讲述动人的故事。

江夏这一带，夏天特别热，尤其是盛夏时节，家里就像蒸笼一样，坐上一会儿，就浑身是汗，就连炕上、枕头、席子都像小火炉一样，挨也不敢挨，哪里还敢躺下睡觉呢！

黄香知道，父亲若是晚上休息不好，长期下去，非得累垮不可。于是他顾不得酷热难熬，拿上扇子就在父亲睡的地方扇了起来，他扇啊扇，左手累了，就换到右手，右手酸了，再换到左手，一直扇得炕上凉丝丝的，枕头凉飕飕的，才让父亲上炕休息。

到了数九寒天，大雪纷飞。家里冷得像个冰窖，父子俩冷得直打战。而黄香咬着牙，脱光衣服，钻进父亲的被窝里，直到自己的体温把父亲的被窝暖得热烘烘的，他才叫父亲过来睡觉。

一个年仅九岁的小孩竟能如此孝顺，人们自然赞不绝口。不久后，他的事迹就传遍了全国各地。

江夏太守刘护听说黄香的孝行后，惊诧不已，便把当时只有十二岁的黄香召到江夏郡衙内，专设"孝子"门署，又特意选派博学多识的老师重点予以培养。

黄香尊敬老师，刻苦学习，不久就学有所成。其文章天成，堪称妙手。京师洛阳（今河南洛阳）就流传着这样的民谣：

天下无双，

江夏黄香。

后来，黄香位极人臣，做了手握重权的尚书令。

行佣供母

【原文】

　　［后汉］江革，字次翁。少失父，独与母居。遭乱，负母逃难。数遇贼，欲劫去，革辄泣告有老母在，贼不忍杀。转客①下邳，贫穷裸跣②，行佣以供母。母便身之物，莫不毕给。

　　诗曰：负母逃危难，穷途贼犯频。

　　　　　哀求俱获免，佣力以供亲。

【注释】

　　①客：客居。

　　②裸跣（xiǎn）：赤膊光脚。

【译文】

　　东汉江革，字次翁。年少丧父，与母亲相依为命。战乱中，江革背着母亲逃难，几次遇到匪盗，贼人想掳走他，甚至杀死他，江革哭着求告，说自己尚有老母在世，贼人不忍杀他。后来，他客居下邳，因为贫穷而赤膊光脚，靠做雇工养活母亲，而对于母亲生活所需，莫不周全供养。

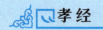

延伸/阅读

　　江革年幼丧父，家里只有他和母亲。母子二人相依为命，在苦难中拼命挣扎。

　　当时正逢王莽新朝，政治腐败，战争频仍，天下大乱，为躲避战乱，村里的人几乎都逃难去了。

　　江革不能逃，母亲恰好生病，他怕母亲在逃难的路上有个三长两短。江革也不怕盗贼，他家里穷得连锅都快揭不开了，要啥没啥，还怕盗贼抢？再说盗贼，他们是抢财主之类有钱的大户，在穷百姓这里能抢到什么呢？

　　江革的母亲心知肚明，儿子不走，就是因为有她拖累着。为此，母亲多次劝江革，你赶快逃吧，要不咱娘俩都会死无葬身之地。

　　母亲左说右劝，江革就是不走，他不能把母亲一个人扔下。

　　好在不久后，江革母亲的病就有所好转了。这时，风声也越来越紧，江革只得背着母亲逃难。

　　大路不敢走，江革只好走山高坡陡的羊肠小道。一个人空身儿走就够艰难的了，江革背着老母走，不一会儿，就汗流浃背，近半天才走了不到十里。此时，江革已饥渴难忍，他估计母亲也又渴又饿了，就把母亲放在一个隐蔽的地方，准备到山下找点儿吃的和喝的。

　　刚走到一个小山岗子前，突然蹿出来几个手持大刀的家伙，他们一个个横眉立目，个个都凶神恶煞。江革吓得浑身打哆嗦，一步也走不动了。

　　这几个家伙并不管江革如何惊恐失色，其中一个上前就抓住江革的衣领，喝问道："你把金银财宝藏到哪里去了？我们早就看清楚了。从实招来，或许能留下你的小命！要不然，叫你立马见阎王！"

　　江革跪下，哭诉道："大老爷，我是背着年迈有病的母亲出来逃难的，我老母守寡三十年，含辛茹苦才把我拉扯大。我到山下给老人找点儿水和吃的。我实在没有能奉献给大老爷的。我死不足惜，可我死了以后，老母的性命也就难保了，请大老爷开恩，手下留情啊！"

江革的母亲听到盗贼说要儿子的命，立即从隐蔽的地方站了起来，一步一颤地走到几个盗贼前，哭着说："大老爷，要杀，你们就把我老太婆杀了吧！"

这几个盗贼一看他们母子穿的都是破衣烂衫，听了孤儿寡母的诉说，动了恻隐之心，眼圈都红了，他们不忍心杀这母子二人，便放过了母子俩。

之后母子二人还遇到过几次盗贼的拦劫，有一次还被劫持到盗贼的山寨里，终因江革泣不成声的哭诉和对母亲的一片孝心，盗贼们难以强迫江革入伙，也不忍心让江革母亲无依无靠。

江革背着老母一路辗转，来到了下邳。

客居他乡，母子二人举目无亲，连个落脚的地方都没有，夜晚只能在那些无人居住的连房顶都没有的烂房子里居住，或者露宿荒郊野外。

江革必须给人做工，才有生路。他原来穿的鞋已经破烂不堪，可现在母亲也无法做鞋，自己又无钱买鞋，只得赤着脚到处给人家做工。

今天给人家打水劈柴，明天给人家淘米磨面，后天要给人家放牛牧羊，大后天又可能是喂猪看狗。不论什么活，他都干，不管难易事，他都做。有时这家干完又去那一家干，连轴转，尽管累得腰酸腿疼，有时还两眼直冒金星，为了年迈有病的母亲，他不叫苦不喊累，默默地低头苦干。

江革不舍得穿，不舍得吃，赤着脚给人家做工，可母亲却要吃有吃，要穿有穿，母亲所需的生活物品，应有尽有。他从不用母亲张嘴说需要什么物品，一看到东西不多了，他就早早地买了回来。

刘秀称帝后，国内局势稳定下来。江革又背着母亲跋山涉水，回到了故乡临淄。

当时，百姓每年必须到县衙"案比"，即每个人都要亲自到县衙与官府登录的画像对照，以核实户籍。

江革的母亲已年迈体衰，自己已不能走着去了。江革想雇个车，又怕牛车、马车颠簸，母亲受不了。于是，江革自己拉车载着母亲去县衙。一路上，他缓步行进，看到路上有石头，他捡起来扔在路旁才继续前行，遇到车辙较深的地方，必须用土填平才肯拉车走过，生怕因车子颠簸而使母亲感到不舒适。

百姓看见江革如此孝敬自己的母亲，非常敬佩，都称他为"江巨孝"。

母亲去世后，江革悲痛欲绝。他在母亲的坟地里搭了个草庐守墓。服丧期满，他仍不肯脱去孝服。

江革孝敬母亲的感人事迹在临淄很快就传了开来。

汉明帝永平初年，他被推举为"孝廉"。

江革走上仕途，既清正廉洁，又敢于弹劾权贵，虽几经波折，但忠心、孝心不改。

闻雷泣墓

【原文】

[魏]王裒①，字伟元。事亲至孝。母存日，性畏雷，既卒，葬于山林，每遇风雨闻雷，即奔墓所，拜泣告曰："裒在此，母勿惧。"隐居教授，读《诗》至"哀哀父母，生我劬劳"，遂三复流涕，后门人至废《蓼莪》之篇。

诗曰：慈母怕闻雷，冰魂宿夜台②。

阿香时一震，到墓绕千回。

扫码看视频

【注释】

①王裒（póu）：字伟元，城阳营陵（今山东临淄）人。性孝，博学多能，隐居教书。石勒攻陷洛阳，裒恋祖墓不去，被害。《晋书》有传。

②夜台：坟墓的别称。

【译文】

魏国王裒，字伟元。他侍奉母亲极为孝顺。母亲在世的时候，惧怕雷声，母亲去世后，王裒把她埋葬在山林中，一旦刮风下雨，雷声震耳，王裒就跑到母亲的坟墓前跪拜，并且哭着安慰母亲："儿王裒在这里陪着您，母亲不要害怕。"后来，他隐居教书时，每当读《诗》到"哀哀父母，生我劬劳"一句，都痛哭流涕，后来他的学生就再也不读《蓼莪》一篇了。

延伸/阅读

三国时期，魏国到了曹髦即位的时候，实际上已大权旁落，曹髦已成了司马懿、司马昭父子的傀儡。曹髦早已看出司马昭打击皇室力量、迫害忠臣、企图取而代之的狼子野心，但已无能为力，最终还是被窃国大盗杀害。后虽立曹奂为皇帝，也只不过是掩人耳目。

此时，王裒的父亲王仪在朝中任司马一职。他性情耿烈，为人忠厚，文武兼备，忠孝两全，并不服从司马昭的统治。

一次，司马昭统率诸军伐吴，战于东关（今安徽含山西南），由于不听王仪劝谏，执意进军，致使战败。

事后，司马昭专门召集文武大臣，要追究战败责任。

众大臣一看不妙，个个噤若寒蝉，都怕招灾惹祸。只有王仪毫不畏惧，他一身浩然正气地站出来，眼睛死死地盯着司马昭说："依末将看来，都督应负东关之败的主要责任。"

众大臣听后，都替王仪捏了一把冷汗。

司马昭气急败坏地大声吼道："大胆王仪，自己不但不请罪，反而把责任推到我的头上！来人哪，给我把王仪拉出去斩了！"

卫兵拥上来，架着面不改色、一脸正气的王仪朝外走，王仪扭回头向着司马昭冷笑。

王仪的儿子叫王裒，字伟元，身高八尺四寸，雄姿英发，声音清亮，谈吐文雅，博学多才，为人厚道，待人热情而有礼貌，是当时不可多得的一个人才，父母对他寄予厚望。

自父亲因刚直惨遭杀害后，他对当朝已心灰意冷，痛恨无比。从此他再也不面向西坐，除表示永远不做司马氏的臣民外，也表示永不忘杀父之仇。

后来司马氏阴谋得逞，代魏建立了晋朝。在朝野舆论的压力之下，司马氏多次派人征召王裒，都被他回绝了。

王裒不仅是饱学之士，而且还是极其孝敬父母的孝子。

他严格遵守孝制，并在父亲的坟墓旁搭了一间草屋，长年在这里守墓。

他每天都要到父亲的墓前痛哭流涕，诉说父亲的忠诚、冤屈，怒斥司马昭的滔天罪行，哭说自己一定要为父报仇雪耻。

他从春哭到夏，又从秋哭到冬，一年四季抱着一棵树痛哭流涕，泪水流到了柏树根。后来人们就把这棵树叫作"孝子树"。

王裒为父守墓整整一年。

依照他的想法，还要继续守下去，至少也要守上三年。

可白发苍苍的母亲担心这样下去会使儿子的身体受到伤害，因此一步一颤地拄着拐杖来到了墓地。

母亲对泪迹未干的儿子深情地说："裒儿，你父亲假若地下有知，一定会感到莫大的安慰。儿啊，快跟老娘回家吧！"

王裒这才想到年迈的老母还需要自己来赡养，光守墓而不侍奉老母，那不是不孝吗？因此在坟地叩拜后，就搀扶着腿脚已不灵便的母亲回家了。

随着父亲的惨死，家道中落，等到王裒从墓地守墓回来时，家中已是既无余粮，也无分文。

王裒面对家中窘迫，既未唉声，也未叹气，这一切除了激起他对司马氏的仇恨外，也激发了他重振家业的雄心壮志。

王裒弯下腰开始耕种田地。他把斗笠戴在头上，把草绳缠在身上，脱掉鞋袜跣足走在田间地头，有时扛着锄头，有时拿着镰刀，到什么节令干什么活，从来不误农时。

他白天在田地里卖力干活，根据天象预测天气的变化，在天灾来临前做好防范，并告知百姓，使肆虐的狂风暴雨无法发威；夜晚回到家里尽力服侍老母，嘘寒问暖，洗脚捶背，即使夜半时分，母亲一呻吟，他也准能听得到，而后赶紧跑来问询，要不就去请来医生。

王衮除了耕田种地，还把自己学到的知识传授给求知若渴的农家子弟。他不论贫富，一律不收学子们的学费。农忙时学子们还会帮助家里耕地锄草。

王衮只种够母子二人口粮的地，只养够母子二人穿衣用的桑蚕，其余的地全部让给地少的人去种，也从来不留积蓄。

王衮从来不允许别人替他在地里干活。有的乡亲和学生看到他又要耕田又要教课十分辛苦，想帮他一点儿忙，结果都被他婉言谢绝。

学子们在夜阑人静时，把自家的庄稼运到老师的麦场。王衮一看粮食比先前多了，就把多出来的那一部分放置在另一边。一位旧友托人给他送来钱物，他分文不取，一件不要，通通原封不动地让来人带了回去，并让来人带去一封长达十几页的信，除表示感激外，还表明了自己对此的看法和一贯主张。

王衮在耕种、教授之余，更加孝顺日渐衰老的母亲，生怕没有机会侍奉老母。

王衮的母亲在他精心而周到的服侍下，走完了人生最后的一程。母殁后，王衮把老母葬于山林，将父母合葬在一起。

王衮的母亲生性胆小，对雷声更是恐惧得不得了，一见电闪雷鸣，就吓得缩作一团，脸色苍白。

母亲生前，一有电闪，还不等雷声响起的时候，王衮就急急忙忙地跑到母亲的身边，用身体遮挡住母亲的视线，用手捂住母亲的耳朵，不让母亲受到惊吓。

母亲撒手人寰后，他只要看见天上乌云翻滚，特别是电闪雷鸣时，就会立马放下手中正在做的事情，箭一般地飞奔到母亲的坟地，用身体护住坟墓，求告母亲不要惧怕，跪请老天爷不要打闪响雷，吓唬母亲。

有一天，乌云布满了天空，王裒就急忙向茔地跑去。

"轰隆隆"一声雷响，仿佛地动山摇，爬在母亲坟地上的王裒的耳朵都被震得"嗡嗡"直响。王裒不顾一切地冲上坟墓，用身体尽力遮挡，并哭喊着说："儿子王裒在此，母亲千万不要惧怕！"

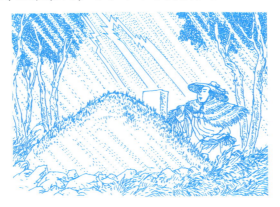

王裒的哭喊声在山林里传得很远，很远……

王裒给学子们传授知识、讲授为人处世的道理时，每当讲到《诗经》中的"哀哀父母，生我劬劳"，总是悲痛难忍，哽咽得说不出话来。从此之后，学子们再也没有在王裒面前读过《诗经》中的"哀哀父母，生我劬劳"这一句，甚至干脆连《蓼莪》也不读了，生怕老师伤心过度。

后来，西晋王朝覆灭，天下大乱，盗寇四起，人人逃难，可王裒不舍父母坟墓而不愿离去，最终遇害。

哭竹生笋

【原文】

〔晋〕孟宗①，字恭武，少丧父，母老疾笃②，冬月思笋煮羹食。宗无计可得，乃往竹林，抱竹而哭。孝感天地，须臾③地裂，出笋数茎。持归作羹奉母。食毕，疾愈。

诗曰：泪滴朔风寒，萧萧竹数竿。

须臾冬笋出，天意报平安。

【注释】

①孟宗：三国时期江夏（今属湖北）人，以孝著称。为吴令时，母丧，弃官回家。后累官至司空。

②笃：（病势）沉重。

③须臾（yú）：片刻，极短的时间。

【译文】

吴国人孟宗，字恭武，少年时父亡，母亲年老病重，冬天里想喝鲜竹笋汤。孟宗没有办法找到竹笋，就跑到竹林里，抱住竹子大哭。他的孝心感动了上苍，不一会儿，地忽然裂开了，长出几根嫩笋。孟宗赶紧采回去给母亲做汤喝。母亲喝完后，病居然痊愈了。

延伸/阅读

三国时江夏有一个姓孟的大户人家，家境也曾殷实，祖祖辈辈读书识字的人也不少，只因豺狼当道，恶霸横行，都不愿居官为宦，助纣为虐。

这家主人是个饱学之士，满腹经纶，上至远古，下至近代，几乎无所不晓，说起治国之道，口若悬河，谈及政坛之弊，鞭辟入里，只是不愿入世，痛恨当朝奸佞专权，因此一直闲居。妻子出身名门望族，仪容俊秀，举止端庄，且知书达理。

主人虽因忧国忧民而整日闷闷不乐，但妻子通情达理，不因丈夫闲居、生活日渐困顿而怨天怨地、火上浇油，而是多方开导，更加体贴。因此，两人还能同舟共济，患难与共。

可愁绪萦怀终究伤身损体。日子一久，主人终于积郁成疾，缠绵病榻。

他在安顿完妻子和儿子孟宗之后就溘然长逝了。

孟宗才三岁，身体又单薄，这让母亲愁上加愁。丈夫说走就走了，撇下这孤儿寡母该怎么办呢？

丈夫临终前说："一定要把宗儿带大，教他好好做人，教他读书识字。"这些话至今仍萦绕在她耳边。她知道靠自己也无力重振家声，只有把儿子培养成人，使他成为丈夫所希望的栋梁之材，才能挽回颓势，才有希望重新过上幸福的生活。

母子二人日子过得十分艰难。孟宗的母亲挣扎于思念丈夫和为生活劳碌奔波的愁苦漩涡，经常以泪洗面。

为谋出路，她放下架子，扑下身子，白天，经常出外给人家干点儿零活，贴补家用；夜晚，在昏暗的灯光下，给人家缝衣补裤、纳鞋底子，以买杂物。

日子逐渐有了转机，孟宗的母亲就腾出手来琢磨教育儿子的大事。

她把深闺中学过的知识重新梳理了一番，谋划教育儿子。

她从孝道入手，一边让儿子读书识字，一边讲述尊老爱幼、孝敬父母的道理，注重由浅入深，循序渐进。

孟宗母亲的脑子里装了许多历朝历代流传下来的孝子贤孙的故事，她几乎天天在茶余饭后给儿子讲一两个故事，在欢乐的笑声中一点一滴地滋润着儿子的心田。

孟宗读书也很用功，且爱动脑筋，总要打破砂锅问到底，有时还能当场把母亲问得答不上来。虽然一度使母亲陷入尴尬境地，但孟宗母亲的心里还是乐开了花。

尽管母亲在不遗余力地教诲儿子，但面对儿子强烈的求知欲望，以及知识面的不断扩大，她已经感到力不从心了，无法满足儿子对知识愈来愈高的要求，她决定把儿子送入学堂。

在学堂里，孟宗更加勤奋刻苦地学习，又虚心好问，学习长进很快，入学不久就博得老师的喜爱。孟宗的先生是南阳名师李肃，李肃才高八斗，学富五车，威望高，声誉好，对孟宗的吸引力更强。因此，孟宗在美慕先生李肃的博闻强识之余，就是加倍努力，常常通宵达旦，苦读四书五经。

在母亲的培养和先生的教导下，孟宗不仅学业上有了很大的长进，而且对孝道也有了更为深刻的认识，同时也付诸行动。

他知道心疼母亲，给母亲端水端饭、送茶递水，还帮母亲打水扫院、洗锅刷碗。他还知道尊敬师长。逢年过节，他总要让母亲做点儿好吃的饭菜，不怕山高水长、路途遥远，连蹦带跳地给恩师送去。

皇天不负苦心人，母亲和老师的辛苦没有白费，孟宗不仅是个孝子，还成了当地小有名气的才子。

李肃在教学过程中发现孟宗是个人才，就极力推荐他。

　　孟宗后来虽被推荐为"贤良方正"，可以参加京师的考试，但孟宗却坚守"父母在，不远游"的信念，坚决不去。

　　地方官为此犯愁，也为之惋惜。

　　但母亲的一番话使孟宗改变了主意。孟宗的母亲对儿子说："儿啊，忠孝自古不能两全，时值国家急需栋梁之材，学以致用、报效国家才是正道，不能只顾小家忘了大家！"

　　孟宗知道，违背母亲的意愿，就是"大逆不道"，因此，只好挥泪告别母亲到京师。

　　母亲和恩师的心血、汗水化成了孟宗走向政坛的层层阶梯。

　　孟宗曾任监池司马，主管渔盐。有一次，他亲自结网捕鱼，精心烹制后送给了母亲。他母亲让人退了回去，说："你是主管渔盐的司马，却捕鱼送我，这不是避嫌的行为。"孟宗听到后，深感惭愧，决心以此为鉴。孟宗对母亲极为孝顺。母亲每有疾病，他都要赶回家，亲自照顾，想方设法满足母亲的愿望和要求。

　　一天，母亲突然病了，说想吃新鲜竹笋。找医生看过后，医生也说只有鲜竹笋才能治好母亲的病。

　　孟宗安慰了母亲一番后，就心急火燎地往市场上奔去。他走了一天，连个鲜笋的影子也没有看到。

　　他仍然不死心，恭恭敬敬地向一个摊贩打听。这个摊贩把情况向他一说，他才恍然大悟。是啊，寒冬腊月，哪儿有卖鲜笋的呢？

　　他回到家向母亲简单地说了一下市场上的情景，就再也不作声了。母亲仍在炕上呻吟，他急得抓耳挠腮，但仍无良策。

　　第二天天刚亮，他就去了竹林。他要看一看竹林里有没有新鲜竹笋。他仔细地找啊，看啊，从竹林的东头走到西头，又从北头走到南头，每一根竹竿他都找了，也看了，就是连竹笋的影子都没有找到。

他已筋疲力尽，又无计可施，想着病床上的母亲，不由得大哭起来："天神爷，地神爷，可怜可怜我那老母吧！她不舍得吃，也不舍得穿，为我吃了那么多的苦！如今她有病了，就得吃上鲜笋才有望痊愈，求你们赏给一点儿吧！"

孟宗的眼泪簌簌地落下，滴在了竹子的根蒂上，渐渐地，竹子附近的冰雪融化了，泥土开始松软了，土地裂开了细小的口子，不一会儿，竹子下边竟长出了数茎鲜笋。

孟宗急忙采收下来，飞奔回家。孟宗的老母吃了用鲜竹笋煮成的粥，病真的好了起来。

孟宗抱竹泣笋救母的事迹传遍了天下，朝廷上下惊叹不已。

后来，孟宗的母亲病逝，孟宗不顾禁令，回家奔丧，极尽孝子之道。孟宗的种种孝行受到时人的称颂，一直流传至今。

卧冰求鲤

【原文】

　　［晋］王祥[1]，字休徵。早丧母，继母朱氏不慈，于父前数谮[2]之，由是失爱于父。母欲食生鱼，时值冰冻，祥解衣卧冰求之。冰忽自裂，双鲤跃出，持归供母。

　　诗曰：继母人间有，王祥天下无。

　　　　至今河水上，一片卧冰模。

【注释】

　　①王祥（184—268）：字休徵，西晋琅玡临沂（今属山东）人。汉末，隐居庐江（今属安徽）二十余年。后为徐州别驾，有治绩。入晋，官至太保。《晋书·王祥传》记载："母常欲食生鱼，时天寒水冻，祥解衣将剖冰求之。"后来传说，"剖冰"讹为"卧冰"。

　　②谮（zèn）：进谗言，说坏话。

【译文】

　　晋朝王祥，字休徵。生母早亡，继母朱氏不喜欢他，多次在他父亲面前说他坏话，因此使他失去了父亲的宠爱。继母有次想吃新鲜的活鱼，当时天寒，河面冰封，王祥为了得到活鱼，只好解开衣服躺在冰上。这时冰面忽然融化裂开，有两条鲤鱼跳了出来，王祥就抓了鱼回家供奉继母。

延伸/阅读

王祥一出生，父母就把希望寄托在他的身上，因而十分疼爱他。特别是母亲，只要小王祥一哭一闹，就立即把他抱在怀里，不是抖，就是颠，再不就是挠他的痒痒，逗他开心。

小王祥也特别重感情，别看他还不会说话，他能知道谁对他更亲，因此他总让母亲抱，很少让父亲抱。不过对父亲虽然不像依偎着母亲那样亲昵，但也时不时用柔嫩的小手抚摸着父亲的脸庞或抓他的胡子。夫妻俩逗弄着小儿子，日子过得也挺快。

谁能料到，小王祥三岁那一年，他的母亲暴病身亡，撇下了王祥和他父亲。

父亲把对妻子的思念变成了更多关心小王祥的实际行动，生怕孩子受苦、受罪，外出背着，回家抱着，想吃什么就赶紧给做什么。

小王祥这样快乐的日子没过上半年，苦难就再次降临到了他的头上。

王祥的父亲经不住亲戚朋友的劝说，给王祥娶回了一个继母。

这个继母姓朱，是个笑里藏刀、阴险毒辣的女人。当着王祥父亲的面对王祥关心备至，可一等到王祥的父亲出门时，就开始下毒手，不仅大骂王祥，还毒打他，有时故意找碴，然后罚王祥头上顶着土坯下跪。

一年以后，王祥的继母生下了一个儿子，起名王览。

从王览出生那天起，王祥的苦难就更深重了。继母把自己的亲生儿子当成宝贝，整天亲个没完没了，而把王祥恨得咬牙切齿，恨不得一口把小王祥吃掉。她让年幼的小王祥整天干活，不是喊扫地，就是吼着让烧火，动辄一顿毒打。

继母三天两头在王祥父亲面前说小王祥的坏话，今天说他打小弟弟啦，明天说他顶撞了她啦，后天又说他骂了父亲啦。时间长了，父亲竟然相信了，从此不再疼爱王祥了。

王祥的继母如此虐待小王祥，又编造谎言，恶语中伤，离间父子关系，但王祥对后娘依然非常孝顺，逆来顺受，一点儿怨言都没有。

小王祥很体贴父亲，不想让父亲为难，因此，从来不向父亲诉说后娘虐待自己的事。

后来，父亲忽然得了一场重病。虽然请来不少有点儿名气的医生诊治，但一点儿效果都没有见到。

王祥在床前日夜侍候，夜间连衣服都不脱，闭目假寐，没睡过一个囫囵觉。每次买药回来他都亲自动手煎药汤，尝了药汤的温度觉得合适后，他才喂给父亲。

尽管王祥这样精心周到地侍候，父亲的病情依然不见好转，而是愈来愈严重，最后撒手人寰。

王祥的父亲在世时，他的继母还多少有点儿顾忌。父亲去世后，王祥的继母便不顾一切地甚至可以说是疯狂地虐待起小王祥来。

家里的一切杂活全都由王祥来做，像打扫庭院、舂米磨面、打柴烧火、挑水担土之类的活儿不用说也是他的，就连喂养牲口，清扫马厩、牛棚，甚至连大人都怵头的垫土起圈这类活计也全部由王祥承担。他吃的量少质次，比猪食狗食也强不了多少，穿的是破衣烂衫，甚至三九天还穿着单衣薄裤。

就是如此无情的折磨仍然解不了王祥继母的心头之恨。

王祥是十里八村的人们公认的孝子，在当地渐渐地有了一定的名声。王祥继母非常忌恨，就想暗地里用毒酒害死王祥。这事被王祥的弟弟王览发现了，王览直接取出毒酒，就要自己喝下去。王祥怀疑其中有毒，便去抢夺，不让弟弟喝。王祥继母怕自己的亲儿子遇害，急忙将酒抢过，倒在地上。这才使阴谋破产。

自此之后，凡是王祥继母单独送给王祥的饭菜，王览总要先尝一口。

继母担心会害死自己的儿子，才打消了毒死王祥的恶念。

王祥并没有因为继母对他如此无情而有一丝一毫的怨恨，反而更加勤谨，什么活都抢着干，从不推诿，不想让继母生气。

弟弟王览对母亲有点儿看不惯，背着母亲向哥哥王祥宣泄对母亲的不满。王祥听后，正言厉色地对弟弟说："小弟，千万不能这样对待母亲。母亲是我们的恩人，她要不管我们，我们能长大成人吗？即使打骂我们，也是希望我们更有出息。孝敬父母，精忠报国，这才是我们应该努力去做的！"

就这样，弟兄俩既一心一意地孝敬母亲，又无微不至地相互关怀。

一天，继母突然生病，躺在炕上直喊叫，并嚷嚷着要吃新鲜鲤鱼。

王祥急忙放下手中的活，一口气跑到市场。到那里一看，他傻眼了，偌大的市场上竟然一个卖鱼的人也没有，更不用说新鲜的鱼了。

他怏怏不乐地在街市上走着，向那里的商贾打听还有哪里有卖鱼的，走了十几个摊点，商贾都摇头说不知道。好不容易找到一个胡须花白的老商贾，一打听，这位老者大笑起来："这时节天寒地冻，哪有新鲜的鱼，要想吃，除非到水晶宫去找龙王爷！"

王祥暗自发愁，他想，看来只能去冰雪覆盖的江河上乞求龙王爷了。

到了河边，河上白茫茫一片，单是雪就有一尺多厚。他用冻得红肿的手拼命地把河面上的雪拨开，腾出了一小块地方，虔诚地下跪乞求龙王爷。他边哭边说："龙王爷，可怜可怜我那病中的母亲吧！她想吃新鲜鲤鱼，她的儿子无法得到，只能乞求您赏赐了！"

北风呼啸，寒气逼人。王祥穿着单衣薄裤，浑身直打哆嗦，连嘴唇都变成紫的了。

过了一会儿，他想，要是能够从这里打开个冰窟窿，钻到水里去，说不定就能捉住几尾鲤鱼。可手头没有破冰的工具，王祥想来想去觉得只有躺在冰冷的冰面上，用自己的身体把冰融化。于是王祥不顾一切地把衣服脱掉，躺在了河面上。

北风依旧怒吼着，它卷起厚厚的积雪，重重地击打着王祥赤裸的快要冻僵了的身体。王祥已经有点儿迷迷糊糊了，忽然觉得脊背处有一股暖流涌出，转过身来一看，冰面上真的破开了一个比桶还粗的冰窟窿。

江水缓慢地在下面流淌着，王祥眼睛一眨不眨地盯着流动的江水，忽然眼前一亮，两尾鲤鱼结伴游到冰窟窿前，腾跃到了江面上。

王祥上前赶快捉住，拎着两尾鲤鱼浑身打战地回到了家。

继母自从吃了鲤鱼后，病情渐渐地好转了起来。

王祥的孝心也使继母深受感动，她在王祥面前一边哭，一边承认了自己的错误，态度大有转变。从此，他们过上了老爱小、小孝老的和和美美的日子。

后来王祥和王览都成了国家的栋梁之材，王祥位居三公，兄弟二人在朝中都享有很高的威望。

扼虎救父

【原文】

　　﹝晋﹞杨香，年十四岁，随父丰往田中获粟。父为虎曳①去。时香手无寸铁，惟知有父而不知有身②，踊跃向前，扼持虎颈。虎磨牙而逝，父因得免于害。

　　诗曰：深山逢白额，努力搏腥风。

　　　　　父子俱无恙，脱离馋口中。

【注释】

　　①曳（yè）：拖。

　　②身：自己，自身。

【译文】

　　晋朝时，有一位叫杨香的孝女，十四岁的时候跟着父亲杨丰去田里收割粮食，一只老虎突然把她的父亲拖去。当时杨香手无寸铁，但此时她眼里只有父亲而忘掉了自身安危，冲上前去，紧紧扼住老虎的脖子。老虎最终磨着牙放下杨父跑掉了。她的父亲因此得以脱离虎口，保全了性命。

延伸/阅读

晋代，在河内（今河南沁阳）杨家村住着一户非常贫穷的人家。户主叫杨丰，世世代代以耕田种地为生，地虽不多，产量也不高，但他箭法好，农闲时经常到深山老林打猎，既可卖兽皮贴补家用，又可吃些野味，弥补口粮不足。再加上妻子杨刘氏勤劳节俭，持家有方，日子也还能对付过去。

杨刘氏进杨家的门不到一年，就生下了一个谁见谁亲、谁看谁爱的女儿，起名叫杨香。

夫妻俩都十分疼爱女儿，白天争着抱，夜里抢着搂。两人经常在一起谈论女儿的未来，共同为女儿描绘未来美好的蓝图，努力把女儿培养成一个有出息的人。

然而天有不测风云。杨香母亲的身体虽不能说强健，但平时也没有多少毛病。这个家里里外外的事几乎全靠她料理。农忙时，她还和丈夫一起下地劳作。可不知怎么回事，她突然得了一种头痛病，头就像裂开似的，直疼得呼爹喊娘。杨香和父亲神色慌张，一时没了主意，只顾在家中想办法，等到想起请医生时，已经过了将近一天的时间。

之后杨香的父亲倒是把医生从三十里以外的地方接到了家中，可医生说错过了治疗的时机，即使把神医请来也是无力回天了。

医生走了，留下的话无论是谁都不愿接受，但谁也没办法。

妻子走了，父女俩在凄风苦雨中过着令人心酸的日子。杨丰既当爹又当妈，一年又一年，杨香慢慢地长大了，她非常聪明伶俐，嘴也甜，成天"爹，爹"地不离口，一会儿问一个小问题，一会儿让父亲给她讲故事。杨丰即使遇上不顺心的事，让小女儿这么一"闹腾"，也早就忘得干干净净了。

杨香在和父亲的朝夕相处中，早早就体会到父亲的辛苦。很小的时候，她无能为力，即便是心里想着为父亲担当点儿什么，她也做不了。稍大一点儿，她就开始为父亲分担一些了。像烧个火呀，抱个柴呀，喂个鸡呀之类的，只要是她能想到又做得了的事情，几乎不用父亲说，她就自觉主动地干了。再大一点儿的时候，她便给父亲做饭、送水，像洗洗涮涮一类的活，就不要父亲动手，也不用父亲再操心了。

人们都夸杨香孝顺，她孝女的名声已远扬在外了。

杨香到十岁的时候，个头已经不小了，只比将近七尺（当时的尺比现在的尺短）的父亲矮一头，但由于家庭生活一直较差，光长个子不长肉，身体还很瘦弱，体态不如同龄的女孩子那样丰满。但杨香并不因自己身体瘦弱而拈轻怕重，相反，她抢着干重活、苦活、脏活、累活。她并不懂得什么通过劳动磨炼意志、强身健体，只知道要尽量减轻父亲的负担，增加家里的收入，因为她心里始终惦记着父亲，她觉得父亲太辛苦了，为自己付出了太多，而自己给父亲的回报却很少。从今往后，她要好好地孝敬可怜的父亲。

每天，她都比父亲起得早、睡得晚，把家里的各种杂活干完以后，又和父亲一起下田耕种。

别看她才十来岁，心却特别细：她怕汗水流到父亲的眼里，会模糊视线，就给父亲身上放了一块干净的帕子；她怕父亲手上磨起血泡，就专门为父亲缝了一副手套……

杨香和父亲一起，一年四季地在地里忙乎着。在似火的骄阳下，脸晒黑了；在凛冽的寒风中，手脚皲裂了；在飞扬的尘土中，弄得灰头土脸；在瓢泼的大雨中，就像个落汤鸡。

尽管吃了很多苦，但杨香觉得只要能为父亲分忧解愁，就是最幸福的。

就在杨香十四岁那年秋天的一个下午，杨香在地里跟父亲一起割谷子。

太阳悬在西边的天空上，万里无云，天空晴朗，一丝风都没有。父女俩都汗水淋漓，忙着割谷子。忽然，一声虎啸传来，从东边树林里蹿出一只凶猛的老虎，它张着血盆大口，怒吼着向杨丰父女俩扑了过来。

杨丰虽然在森林里打过猎，也曾听到过虎啸，但从未近距离碰到过猛虎，他惊愕不已。杨香因年龄小，又是女流之辈，因此父亲未曾带她打过猎，她对猛虎一点儿印象都没有，今天突然看到如此凶猛的老虎，更是惊惧万分。

这只老虎个子大，从外表上看也很雄壮，只是肚子瘪瘪的，看样子已经多日未进食了，但那凶相还是很吓人的。只见它纵身一跃，就已经到了父女俩面前。

老虎爪子落地时，一股强劲的风随之而来，爪子陷进地里足有两寸，尘土旋即卷起。之后，那又粗又大的尾巴猛烈地击打着地面，像是巨大的木棍敲打铁器，发出"嗵嗵"的声音，闻者无不惊骇。接着树叶簌簌落地，树枝也摇晃不止。这种情况下，即使是吃了熊心豹子胆的人，恐怕也要浑身颤抖的。

杨丰和女儿哪里见过这阵势，两人被吓得魂不附体，险些瘫在谷地里。

这只饿虎早已垂涎三尺，舌头在嘴里不停地打转，它真的是迫不及待了。突然，它用肥大的前爪把杨丰扑倒在地，如同老鹰抓小鸡一般，整个身子压在了杨丰的身上，接着张开血盆大口，咬住了杨丰的胳膊。

杨丰的胳膊被老虎尖利的牙齿咬出了几个深深的洞，血流如注，他立刻疼得叫了起来。

杨香猛然间听到父亲的尖叫声，才从惊恐中摆脱出来。她一看父亲已被这只可恶的饿虎咬住，马上意识到父亲的性命已处于危急状态，如果不采取行动，后果将不堪设想。

正当老虎叼起父亲准备离开的时候，杨香一个箭步冲了过去，一抬腿乘势骑在老虎的背上。老虎叼着杨丰纵身又跃了几次，企图把杨香甩下去。杨香两手紧紧抓住虎毛，两腿如同钳子一般死死地夹住老虎的肚皮，任它怎么跳跃，杨香岿然不动地骑在老虎的背上。

老虎已气喘吁吁，杨香趁机用胳膊把老虎脖子夹住，两手虎口对虎口，紧紧一握，老虎的脖颈就完全落在杨香两手围成的圈子里。这时，杨香心里只有父亲，一股超乎平常的力量从胸中涌出，灌注到两只胳膊上、手上，她牙一咬，用力一挤。此时连杨香自己也奇怪，手上的力气不知为何比平时增加了好多倍，竟一下子就把老虎卡得快要喘不上气来，它急忙张开嘴，父亲便跌落在地上。

杨香用一只手扼住老虎的脖颈，腾出另一只手赶紧从地上抓起一把沙土，往老虎的两只眼睛上一撒，然后借机从老虎背上跳了下来。

老虎两眼一下子被沙土蒙住了，它像一头疯了的牛一样狂奔而去。

杨香见老虎逃走后，赶紧跑到父亲的身边，看父亲的伤势如何。

父亲好像从噩梦中惊醒，知道自己还活在人世上，便问女儿为什么那只饿急了的老虎没有把他吃掉。

女儿杨香一五一十地给父亲说明了事情的经过。

过了一段时间，父亲的伤口就愈合了。

十四岁的杨香赤手空拳从虎口中救出父亲的故事，不久就在全国各地传扬开来。当地太守得知此事后，奏请朝廷嘉奖了杨香的勇敢和孝心。

恣①蚊饱血

【原文】

〔晋〕吴猛②，年八岁，性至孝。家贫，榻无帏帐。每夏夜，任蚊多攒③肤，恣渠④膏血之饱，虽多不驱，恐去己而噬亲也。爱亲之心至矣。

诗曰：夏夜无帏帐，蚊多不敢挥。

恣渠膏血饱，免使入亲帏。

【注释】

①恣（zì）：任凭。

②吴猛：晋朝濮阳（今河南濮阳）人，曾仕吴，任西安县令。《晋书》有传。

③攒（zǎn）：聚集。

④渠：第三人称代词，这里指蚊子。

【译文】

晋朝吴猛，年仅八岁就事亲至孝。因家庭贫困，床上没有蚊帐，每到夏天夜里，就有很多蚊子聚集在皮肤上，吴猛任凭蚊子叮咬自己，让蚊子喝饱了血，即使蚊子很多也不驱赶，唯恐蚊子飞离自己后去咬父亲。他孝爱父亲的心可谓到了极致。

延伸/阅读

东汉末年濮阳（今河南濮阳）吴家村，有一千多人居住，是一个人口比较集中的村庄，村子东头住着一户人家，家境贫寒，房子低矮残破。主人名叫吴强，人如其名，吴强体魄强壮，臂力过人，论力气，全村人几乎无人能比得上他。可是生逢乱世，吴强空有力气，却不能使自家资产富足。

吴强拼命挣钱，后来遇上一位良家女子，两人走在一起，才算有了一个真正意义上的家。妻子贤惠明达，能够任劳任怨、勤俭持家，又对丈夫体贴入微，关怀备至，因此吴强在这方面倒也心满意足，尽管日子过得艰难，但一看到妻子，还是不由得露出欣喜的笑容。

过了一年，他们俩有了一个传宗接代的宝贝儿子。吴强希望儿子勇猛一点儿，于是就给儿子起名为吴猛。

本来种着几亩地，一家三口还能勉强过下去。可当地的土豪劣绅和官府勾结，把吴强家的几亩地霸占去了。

从此，吴强只能给地主家当长工，而妻子也只好到地主家做杂活儿。

这个地主家里所有的人，无论年龄大小，都十分凶狠。因为一件小事，他们将吴强的左腿打折了。妻子得知后，哭成个泪人儿，急忙搀扶着丈夫（脊背上还背着不满两岁的吴猛）回家。

吴强躺在家里，左腿动也不敢动，一动就撕心裂肺地疼个不止。

吴猛的母亲又要侍候丈夫，又要照顾儿子，十分辛苦。有一天，吴猛的母亲病了，这一病就再也没能爬起来，缠绵病榻十几天，便留下腿还没有好利索的丈夫和还未成人的儿子，命归黄泉了。

吴强为过早去世的妻子而暗自悲泣，儿子吴猛又整日对他喊着要母亲，吴强陷入了无穷无尽的愁苦之中。

慢慢地，他折了的左腿愈合了，只是留下了后遗症——左腿瘸了。

吴强既当爹又当娘的日子更不好过，一会儿要给儿子熬面糊糊，一会儿又要给他洗又脏又臭的衣服，整天忙得团团转。

吴猛长到七八岁了，开始懂事了，开始懂得心疼父亲了。凡是他自己能干的事情，再也不用父亲干了。他还想办法帮着父亲干点活儿，扫一扫床，叠一叠被，烧一烧火，倒一倒灰，尽量让父亲多休息一会儿。

把吴猛父亲腿打折的那家地主得知村里百姓都骂他丧尽天良，迫于名声的压力，给了吴强几亩薄田，名义上说吴强活儿干得好、干得多，所以奖赏几亩田，其实是赔给吴强的。

吴强又有了自己的耕地。他起早贪黑、披星戴月地在田里干活，不误农时，精耕细作，盼望多打粮食，让儿子能过上更好的生活。

吴猛已经知道替父亲考虑一些事了。天凉的时候，他把衣服给父亲找出来，让父亲多带一件衣服，以免着凉；天热的时候，他早早就把水罐儿拿出来，装好水，让父亲带上，以免上火。有时候，父亲想不到的一些小事，他都替父亲想到了。

就在吴猛八岁的那一年夏天，天气闷热闷热的，家里就像蒸笼，而且蚊子也特别多。

一到父亲睡觉的时候，蚊子就开始行动了，从外面不断地飞往家里，躲在阴暗的角落里。等到父亲迷迷糊糊的时候，它们一个一个争先恐后地飞到父亲身边，试探性地飞上一圈，一旦发现人已睡熟，便蜂拥而上，叮咬得父亲睡不上一个安稳觉，一会儿抓一抓这里，过一会儿又抓一抓那里。他看着父亲不能安然入睡的痛苦模样，心里特别不好受。

后来他为此想了不少办法，比如用艾蒿熏蚊子，用扇子和衣服往外面轰蚊子。但这些办法只能在较小的空间或短时间内起一点儿作用，要使蚊子不再叮咬，就得挂上蚊帐，可家里穷，实在无力置买。

吴猛想：不让蚊子叮咬是难以做到了，但能不能做到让蚊子不去叮咬父亲呢？

他后来发现，蚊子只要吸足了血，不用轰，不用撵，就飞走了。假如让蚊子在自己身上吸足了血，它就不会再叮咬父亲了。

之后，吴猛一到夜晚，就几乎是赤身裸体的，除了一块遮羞布，既不盖被子，也不盖单子，直挺挺地躺在床上，等着蚊子来叮咬自己。

不一会儿，蚊子果然一个一个地都飞到了他的身边，连试探动作都简化掉了，直接落在吴猛的身上，贪婪地吮吸着吴猛身上的血。

疼痛是难忍的，瘙痒更难忍。但当吴猛想到父亲不会再被叮咬，可以安然睡觉时，一种幸福的感觉便涌上心头。

一晚上，吴猛连个盹都没有打过，更没有动弹一下，任凭蚊子叮咬，任凭它张开尖尖的嘴肆虐地吮吸着自己身上的血。他虽然清醒着，但他也不知有多少只蚊子飞来，又有多少只吸足了血的蚊子飞去，只知道自己身上大疙瘩连着小疙瘩已经遍布全身，只知道牙关咬紧过多少次，只知道嘴唇被咬破过多少次，只知道拳头握紧过多少次……

　　一整个夏天，他用这种方法换来了父亲的酣睡。

　　他瘦了，但他笑了。

　　吴猛恣蚊饱血的事，传遍了大江南北。虽然这种行为近乎痴傻，但他那赤诚的孝子之心却值得称须。

　　后来吴猛任过西安令，据说还做过道士。历代皇帝都对吴猛大加赞赏，到了宋朝政和二年（1112年），徽宗封其为真人。

尝粪忧心

【原文】

〔南齐〕庾黔娄，为孱陵①令。到任未旬日，忽心惊汗流，即弃官归。时父病始二日，医云欲知瘥②剧，但尝粪苦则佳。娄尝之甜，心忧甚。至夕，稽颡③北辰，求身代父死。

诗曰：到县未旬日，椿庭④遘疾深。

愿将身代死，北望起忧心。

【注释】

①孱（chán）陵：古县名，在今湖北公安。

②瘥（chài）：病愈。

③稽颡（sǎng）：古时一种跪拜礼。屈膝下拜，以额触地。居丧答拜宾客时行之，表示极度的悲痛和感谢。

④椿庭：代指父亲。

【译文】

南齐时有个叫庾黔娄的人，曾任孱陵县令。他赴任不到十天，忽然心惊流汗，于是弃官回家。到家时父亲已病重两天，医生说要想判断病情好转还是加剧，就得尝病人粪便，味道苦才是好现象。庾黔娄尝了尝父亲的粪便，味道是甜的，心中十分忧虑。夜里，他叩头跪拜北极星，祈求以自身代父去死。

延伸/阅读

南齐时有个人叫庾易，生性宽厚，遇事从不着急，随遇而安。他对名利不十分看重，常说名利生不带来、死不带走，有了也不要贪得无厌，没有也应淡然处之。他以种地为生，偶尔也做些小买卖，过得不饥不饿，但也不富有。他的妻子也和他一样性情温和，从不曾与邻人争执，邻里之间相处和睦。人们都说庾易的妻子是一个贤妻良母。

两口子举案齐眉，相敬如宾，日子过得和和美美。

过了几年，庾易的妻子有了喜。两人欣喜万分。但庾易的妻子临产时，接生婆来后一看，发现是逆产。接生婆想尽了办法，把小孩的命保住了，但是母亲终因产后大出血而无法止血，生下儿子不一会儿便谢世了。

庾易痛不欲生，但也无可奈何，只能拉扯着儿子庾黔娄艰难生活。庾黔娄长到三岁的时候，庾易就开始教儿子读书识字了，他经常给儿子讲一些孝顺父母的故事，讲一些轻财重义的故事。小儿子忽闪着大眼睛，一动不动地听着父亲讲故事。

经过长时间一点一滴地灌输，小儿子的思想深处慢慢地发生着不易察觉的微小变化。

他不像别人家的孩子，有了吃的独吃。他拿到吃的，总要分给其他小孩吃。要是哪个小孩急需什么东西，他总要回家问父亲有没有，从不吝啬。

等到六七岁时，庾易就把儿子送到了学堂。

庾黔娄在学堂里读书，是最用功的一个。他孜孜不倦，废寝忘食，不仅赢得了教书先生的好评，学业上也有了长足的进步。

功夫不负有心人。庾黔娄人小志气大，应考时，金榜题名。

不几日，皇上的诏令下达，封庾黔娄为孱陵县令。

庾黔娄接到诏令后,与老父作别,便走马上任了。

一到任,庾黔娄先颁布政令,贴出安民告示,接着筹款整治河道,修路搭桥,扶危济困,发展生产。不几天的工夫,庾黔娄的新政就得到普通民众的一致拥护,大家都说这回来了个庾清官。

尽管离开父亲才几天,但庾黔娄一把公事处理完,就想起了孤身一人的老父亲。老父既当爹又当娘的情景一幕幕地出现在他眼前,他不由得潸然泪下。

一连几天,庾黔娄都因思念父亲而辗转反侧、彻夜难眠,白天办理公事时常常精神恍惚,仿佛看见老父正伛偻着身子向他走来。

大约是到任后的第九天,庾黔娄正在处理公事,忽然一下子像有一只小鹿猛烈地撞击着他的心头,汗珠从额头簌簌地往下流。他想,父子是连心的,说不准父亲遇到了什么难事。

庾黔娄便要辞官,他拿出笔墨,立马写了辞职书,禀报上司。衙门里的人听说后,都劝他不要辞掉官职,即使家里有事,可以打发个衙役先到家里看一看,再不行,也完全可以请假回去。弄个一官半职不容易,何必非要辞职呢?他谢绝了同僚的好意,毅然决然地立即启程。

庾黔娄昼夜兼程,风餐露宿,不到两天就赶到了家。

果如庾黔娄所料,他年迈的父亲真的生病了。老父前两天忽然开始拉稀,一天最少拉十几次,现已浑身无力,脸色苍白,连说话的声音都微弱得快让人听不清了。

庾黔娄一看父亲已成了这个

模样，不顾一路的劳顿，立即去请当地最好的大夫。

大夫来了，把庾黔娄父亲的脉一切，就面有难色地对庾黔娄说："县令大人，要我说，令尊已病入膏肓，即使扁鹊在世也无济于事了。"

大夫说完，就要离开。庾黔娄当即给大夫跪下，并央告道："先生，请你行行好吧，无论如何我都要把父亲的病治好！"

庾黔娄的这番话打动了大夫的心。过了一会儿，大夫对庾黔娄真诚地说："现在还有一种办法来验证令尊的病能否医治，那就是尝一下病人的粪便，若是苦的味道，就还有一线希望。"

庾黔娄二话没说，跑出去尝了父亲的粪便，不是苦的，而是甜的。庾黔娄垂头丧气地回来了。

把医生送出家门，庾黔娄心里更加难受，为父亲的病忧心如焚。

夜晚，他向着北极星磕头祈求，希望能以他的生命换取父亲的安然脱险。他不断地祈祷，不断地磕头，额头碰肿了，也磕破了，鲜血染红了那一块土地。

人们都被庾黔娄的孝心感动了，表示今后一定要像庾黔娄那样孝敬老人。

乳姑^①不怠

【原文】

[唐]崔山南，曾祖母长孙夫人，年高无齿。祖母唐夫人，每日栉^②洗，升堂乳其姑。姑不粒食^③，数年而康。一日病笃，长少咸集，曰："无以报新妇^④恩，愿汝子孙妇亦如新妇之孝敬。"

诗曰：孝敬崔家妇，乳姑晨盥^⑤梳。

此恩无以报，愿得子孙如。

【注释】

①乳姑：指用（自己的）奶喂婆婆。

②栉（zhì）：梳头。

③不粒食：不吃谷物之类的食物。

④新妇：儿媳妇。

⑤盥（guàn）：洗手洗脸。

【译文】

唐代崔山南的曾祖母长孙夫人年事已高，没有了牙齿。他的祖母唐夫人，每天起来梳头盥洗，然后到婆婆的房里用自己的乳汁喂养婆婆。就这样，长孙夫人不吃饭食，数年后身体依然健康。一日，长孙夫人病重，全家大小都聚集在一起，长孙夫人对大家说："我没有什么可以报答媳妇的恩德，但愿媳妇的子孙媳妇也能像她孝敬我一样孝敬她。"

延伸/阅读

长孙夫人的丈夫在他们的儿子三岁时就过世了，她一个人含辛茹苦地把儿子养大。

儿子是长大了，可长孙夫人也老了。三十几岁的人额头上堆满了深深的皱纹，那是风霜的印记。她的牙全都掉光了，两腮陷了进去，看上去俨然是一位老太婆了。

那个时候，一般人也就活到四五十岁，能活到六十岁，就算高寿了。

长孙夫人后来变卖了些家产，总算给儿子成了个家，既实现了自己的夙愿，也给九泉之下的丈夫一个交代。

长孙夫人的儿子自幼聪慧，又肯用功，尽管未进学堂，但在母亲的教诲下，也是博闻多识，方圆百里之内的青年学子能与其匹敌的屈指可数。

他娶了个妻子，姓唐，人们称之为唐夫人。唐夫人也是一个知书达理之人，且心地善良，心灵手巧。她从丈夫那里得知婆母拉扯儿子所遭受的苦难，心里很不是滋味。一年之后，妻子为崔家续了香火，生下一个儿子。

从此，她和丈夫精心侍奉婆母，诶水端饭、梳头洗脸、折褥叠被、捶背敲腿，凡是能使婆母感到舒心的事，他们俩都争着干、抢着干。

一次，婆母肚子着了凉，忽然拉起稀来，由于腿脚已不太灵便，虽紧着小跑，但还是拉在了裤子上，沾在了大腿上。媳妇唐夫人除了急忙帮婆母把裤子脱掉外，还要给婆母擦洗大腿上的污垢，婆母有点儿不好意思。唐夫人对婆母和颜悦色地说："您拉扯儿子时，不是照样屎一把尿一把的，从湿的地方挪到干的地方吗，吃了多少苦啊。就按照回报的说法，我们也该这样做，更不要说那是永远报答不了的恩情。"

一席话，说得婆母激动地流下了热泪。

唐夫人是个细心人。她发现婆母吃饭不能细细咀嚼，往往是囫囵吞枣似的咽了下去，因而经常打饱嗝，这说明老人家消化不好。正因为这样，婆母一天比一天瘦，脸色发黄，她十分着急。

背过婆母，唐夫人和丈夫商量了很多次，根据当时的条件，最终也没有想出什么好办法来。有一天，她在给一岁多的儿子喂奶时，突然想到：要是把儿子的奶断掉，不就可以把自己的乳汁喂给无齿的婆母吗？

经过儿子和儿媳妇唐夫人的多次劝说，婆母才勉强答应。

每天，唐夫人约莫在婆母起身后，就登上正房前台阶上的平台，然后进入婆母的房间给老人喂奶，数年如一日，从未间断。婆母在这几年间，再也没有吃饭，可以说是粒米未进，但是身体却渐渐地恢复了健康，脸色红润了，走起路来两腿也有劲了，活像十年前的样子。

岁月不饶人，再好的身体也经不起漫长岁月的折磨，婆母又病倒了，这次病来势凶猛，婆母感到不妙。有一天她把全家人召集在一起，宣布了她的遗言："媳妇（唐夫人）待我亲如自己的生身母亲，我是无法报答了，你们要像她待我那样孝敬她，我就可以瞑目了。"

长孙夫人走了，而唐夫人孝敬婆母的事迹却流传千古。

涤亲溺①器

【原文】

[宋]黄庭坚，字鲁直，号山谷，元祐②中为太史，性至孝。身虽贵显，奉母尽诚。每夕为亲涤溺器，无一刻不供子职③。

诗曰：贵显闻天下，平生孝事亲。

　　　　亲身涤溺器，婢妾岂无人。

【注释】

①溺：通"尿"。

②元祐：宋哲宗年号（1086—1094）。

③职：责任，义务。

【译文】

宋代黄庭坚，字鲁直，号山谷，元祐年间曾任太史一职，性情至孝。虽然身居高位，但依然尽心竭力侍奉母亲。他每天都亲自为母亲刷洗便盆，没有一天不尽儿子的义务。

延伸/阅读

黄庭坚，北宋诗人、书法家。字鲁直，号山谷道人，晚号涪翁，又称豫章黄先生，洪州分宁（今江西修水）人。

黄庭坚家学渊博。受父母的熏陶，他从小就喜欢诗词，酷爱书法。

父母对他寄予厚望，对他的学习要求十分严格，无论是背诵诗词，还是练习书法，都要认真考核，亲自指点。

黄庭坚从小就聪慧过人，一目十行，过目成诵，又涉猎广泛，兴趣浓厚。

在广泛的涉猎中，他渐渐地知道了父母养育子女的艰辛和良苦用心，也明白了知恩、报恩的道理。他决心不辜负父母的期望，一定要刻苦学习，成为国家的有用之才，以此来报答父母的养育之恩。

从此，他五更起，半夜睡，不用父亲叫，不让母亲喊，孜孜以求，发愤忘食，背书背得口干舌燥，练字练得腕酸指痛。不管是盛夏酷暑，还是寒冬腊月，他始终如一地坚持读书练字。

功到自然成，铁杵磨成针。黄庭坚果然卓尔不群，就连他那满腹经纶的舅舅李常也对他赞不绝口，说黄庭坚的进步是一日千里，在他见过的童子中，黄庭坚是最优秀的，将来肯定是个齐家治国平天下的人物。

后来又经名师指点，黄庭坚进步更快，"学问文章，天成性得"，书法自成一家。

黄庭坚在二十二岁那一年进京参加科举考试，一举成功，金榜题名。

黄庭坚中了进士，宋英宗诏书一到，不容许耽搁，他立即走马上任。他曾任叶县县尉、校书郎，后迁著作佐郎，擢起居舍人，后又任秘书丞，提点明道宫，兼国史编修官。

不仅如此，黄庭坚在文学上的成就也很高，与张耒、晁补之、秦观同为"苏门四学士"，诗文又与苏轼齐名，世称"苏黄"，并开创了文学史上著名的"江西诗派"。书法上，他擅长行书、草书，与苏轼、米芾、蔡襄并称"宋四家"。

黄庭坚虽然官居高位（元祐中为太史），但他清楚地知道，没有父母的养育和教诲，没有名师的指点，他不会少年得志，功成名就。因此，他一有空闲就会想起恩师，想起母亲（此时黄庭坚的父亲已经去世），并想该如何报答他们的恩情。

公事办完回到家中，他还像以前那样亲自给母亲送水端饭，把母亲的房子打扫得一干二净；还像以前一样打来洗脚水，为母亲烫脚、洗脚；还像以前那样冬天生炉子，夏天扇扇子，为母亲驱寒降暑；还像以前一样当母亲有点儿小毛病时请医煎药，衣带不解地夜夜侍奉……

黄庭坚的母亲看到儿子这样辛苦，又要处理公事，又要侍候自己这个老太婆，一旦精神不济，出了差错，可如何是好？

一天，等黄庭坚忙完以后，母亲便把他招呼过来，拉住他的手语重心长地说："儿啊，你现在是朝廷命官，要整天陪着皇上，担子已经够重的了。娘帮不上你一点儿忙，还要拖累你，万一有个不是，你让娘怎么活？再说，传出去也有失体面。从今往后，这些琐事，让下人干就行了。你有空过来跟娘说说话，娘就心满意足了。"

黄庭坚坐在母亲的身边，又把母亲的手握住，笑着对母亲说："娘，儿子侍候母亲，这是天经地义的事。要是当了大官，就不侍候父母，他提倡孝道，谁去响应呢？朝廷那边的事，娘就不用操心了，我会尽心尽力的，绝对不会给娘丢脸！"

过了一段时间，母亲忽然行动不太方便了，不能到茅厕去净手了。黄庭坚知道后，怕母亲在下人面前为难，又怕下人不知轻重，让母亲受苦，就亲自给母亲递便盆、倒便盆，之后再把便盆刷洗干净。

白天，黄庭坚还要上朝。因此，他只能在每天夜里倒便盆、刷洗便盆。

母亲不让儿子端屎端尿，更不让儿子刷洗便盆，并很不客气地对儿子说："自古以来，端屎端尿的活都是女人们干的，哪能让一个大男人干这种活？何况你又是朝廷重臣，传出去，你让我这个为娘的怎么见人呢？"

黄庭坚看着母亲涨得通红的脸，语调平缓地说："娘，哪个人不是他娘屎一把尿一把拉扯大的，那可比端屎端尿更为艰难。俗话说，养儿防老，父母老了才更需要侍候，普天下都是这个理，谁敢说给老娘端屎端尿是丢人现眼的事？你让儿子侍候，应该理直气壮才对。"

儿子一番话，说得母亲再也不吱声了。

黄庭坚数年如一日地为母亲端屎端尿、刷洗便盆的感人事迹，慢慢地流传开来，朝野上下为之惊叹。

皇上闻悉后，在上朝时面对文武大臣，对黄庭坚的孝行夸赞不已。

弃官寻母

【原文】

[宋]朱寿昌，年七岁，生母刘氏为嫡母所妒，出嫁①。母子不相见者五十年。神宗朝弃官入秦②，与家人诀誓，不见母不复还，行次③于同州④得之，时母七十余。

诗曰：七岁生离母，参商⑤五十年。

一朝相见面，喜气动皇天。

扫码看视频

【注释】

①出嫁：这里指被逐出而改嫁他人。

②秦：今陕、甘一带。

③次：停留。指在旅行或行军途中。

④同州：地名，在今陕西大荔。

⑤参商：参和商同属二十八星宿，二者是不能一起在天空中出现的，这里用来比喻亲友无法相见。

【译文】

宋代朱寿昌七岁时，生母刘氏为嫡母所妒忌，被逐出家门而改嫁他人。母子二人五十年未见。神宗时，朱寿昌辞官入秦地，与家人告别时，发誓见不到母亲就永不回来，寻到同州时终于得见，当时母亲已经七十多岁了。

延伸/阅读

朱寿昌，字康叔，北宋天长（今安徽天长）人。其父朱巽是宋仁宗年间的工部侍郎。其生母刘氏出身微贱，但秉性贤淑，知书达理，在刚被纳为妾时，与寿昌的嫡母之间的关系还算融洽，常以姐妹相称。

后来刘氏生下儿子，朱巽十分欢喜，为之起名为吉祥吉利的"寿昌"。寿昌自幼聪明伶俐，招人喜欢。朱巽一回到家中，就抱起儿子，哄逗个没完，对刘氏也更加偏爱。寿昌的嫡母对此怒火中烧，此后，她就在丈夫面前诋毁寿昌的生母刘氏。朱巽虽位高权重，却生性懦弱，平素就对寿昌嫡母言听计从。渐渐地，朱巽与刘氏的关系疏远了。

在寿昌七岁那一年，寿昌的嫡母给丈夫提出了一个再纳妾的条件，那就是必须把刘氏逐出家门。

寿昌的父亲在寿昌嫡母的一手操纵下，把刘氏逐出了家门。

寿昌的母亲在大门外放声痛哭，寿昌在家里号啕大哭。周围的人们听到后无不落泪。

刘氏被逐出家门，从此母子分离长达五十年。

寿昌每日每夜、每时每刻都在思念被逐出家门的可怜的母亲，在日思夜想与期盼之中，他渐渐长大了。

寿昌长大之后，以父荫为官，仕途顺遂，只是常常因思念母亲而神思不定，梦寐萦怀。连吃饭时，他都不准仆人们给他准备酒肉，只要一说起母亲，就常常泪流不止。

寿昌在职期间，托人多方打听，但都是泥牛入海，毫无消息。为此，他烧香拜佛，依照佛法灼背烧顶，又刺血书写《金刚经》。

到了宋神宗熙宁初年，寿昌听人说生母流落在陕西一带，迫嫁农夫，他立即递交辞呈，辞官寻母。

同家人告别时，他向妻子发誓道："见不到生母，我绝不回还！"

寿昌就此只身一人踏上了千里寻母的路程。

寿昌走了十几天后，在杳无人迹的荒野，被强盗洗劫。无奈之下，他只得一路乞讨，饥一顿饱一顿，有时只能挖野菜充饥，一路上大多时候只能喝池沼里的脏水，很少能喝到干净的井水。历经艰险，寿昌才终于到达陕西。

茫茫人海，八百里秦川，要寻找一个已流落五十年的老人，谈何容易！

他一路走，一路问，却依然没有找到，路上的人都劝他放弃。寿昌却决心即使再走千山万水，受千万苦罪，也一定要找到魂牵梦绕、分离五十年的母亲。

他每到一地都向人们描述母亲的模样，述说母亲的口音，说得口干舌燥，嗓子嘶哑，喉咙冒火，可仍然一点儿线索都没有。

寿昌始终相信母亲依然健在，相信母亲也期盼与他相逢。退一步说，即使母亲已经去世，他也要找到母亲的尸骨。

精诚所至，金石为开。当寿昌到同州时，向一位老人打听，恰巧这位老人和生母住在同一个村庄，在老人的引领下，寿昌到了生母生活的地方。

此时寿昌的母亲已经七十多岁了。寿昌依稀记得母亲当年的模样，只是现在母亲已经老了。他一进门就跪在地上连声喊着娘，并声泪俱下地说："我是寿昌，我……是……寿……昌。"母子分离时寿昌仅仅七岁，如今五十年已过，当年的小孩也已变为垂垂老者，母亲哪里认得出。但她毕竟熟悉乡音，听着寿昌的哭诉，寿昌的母亲也止不住地流泪，终于母子相认，二人抱头痛哭。

原来母亲被逐出家门后，流落到了陕西，后来嫁给了党姓农夫，为其生下二子一女。最后，朱寿昌把生母和其现在的家人一同接到自己的家中，两家人在一起生活得非常快乐。

有人将朱寿昌弃官寻母之事上奏宋神宗。宋神宗闻知后大为赞赏，下令寿昌官复原职。而朱寿昌复任后，大力推行孝道，深得民心，后官至司农少卿、朝议大夫、中散大夫，年七十而卒。名士公卿争相为此撰文写诗。苏轼曾有诗云："嗟君七岁知念母，怜君壮大心愈若，不受白日升青天，爱君五十长新服，儿啼却得偿当年……感君离合我酸辛，此事今无古或闻……"

从此，朱寿昌弃官寻母的事迹遍传天下，闻名遐迩。

二十四孝的流传和在
历史上的影响

　　孝道，是人类社会以血缘为纽带的基本伦理，无论古代社会还是现代文明，都不能对其轻言否定。传统的儒家伦理观念中，孝道占有很重要的地位，是"修身、齐家"的具体表现，也是"仁、义"道德的外化，因而根深蒂固，代代相袭。

　　西汉刘向编著《孝子传》，唐玄宗注《孝经》，五代时佛教有《二十四孝押座文》，南宋画家赵子固创作"二十四孝书画合璧"，元代郭居敬编著《二十四孝》，清朝张之洞编著《百孝图说》等，各种劝孝书籍层出不穷，尤以郭居敬《二十四孝》流传最广。

　　元人郭居敬所辑录编成的《二十四孝》，因为故事通俗易懂、具体可感，作为宣传孝道观念的通俗读本在民间逐渐风行。二十四孝故事延伸到、影响到个人的言语行为，在极大巩固了下层百姓对于家庭伦理的认知的同时，也起到移风易俗的作用。同时，在很多传统民俗创作中，如木雕、石雕、剪纸、刺绣等，也不难发现二十四孝故事主题的图案。

　　《二十四孝》作为中华传统文化的某种标记性读物，我们在阅读的时候，要有正确的态度，既不能全盘接受，也不能一概否定。古代社会相对封闭，人们的观念和表达也没有那么开放、多元，以至人们倾向于用较为极端的形式来表达自己对父母的热爱。在今天看来荒谬绝伦的事情，在古人看来可能是津津乐道的人伦典型。因为古人相信孝道可以动天地、感鬼神，在当时佛道流行的世俗社会，人们对此更是深信不疑。所以民间流传的孝道故事，多少有些夸大事实，而蒙上了一层神话色彩。但这些都表现为一种至诚的信念和心理，比如他们爱父母而至于舍弃骨肉以感动上天，求得帮助。在东西方文化对比中，不难发现类似的故事，如二十四孝故事中的杀儿、埋儿一事其实与《圣经·创世纪》中亚伯拉罕献祭自己的儿子的故事如出一辙。

总之，我们对古人、古书应持客观的态度，具有所谓的"了解之同情"，才不至于人云亦云地一味批判。应该更看重这些为了亲孝父母而做出的种种举动所包含的至诚之心，他们既是人类的一种普遍心理，也是中国传统社会维系的基本价值基础。阅读它，并不是要求大家学习古人极端的做法，而是为了尊重历史文化，更好地了解过去人们所受的教育及其内心的观念。阅读它，也有利于我们更好地吸收中华传统文化中的优秀基因，强化对中华传统文化的认同。

编者注